规模畜禽养殖场应急技术指南

王鸿英　付永利　于海霞　主编

U0217884

天津大学出版社
TIANJIN UNIVERSITY PRESS

图书在版编目（ＣＩＰ）数据

规模畜禽养殖场应急技术指南 / 王鸿英，付永利，
于海霞主编 . -- 天津：天津大学出版社，2021.10
ISBN 978-7-5618-7060-0

Ⅰ . ①规… Ⅱ . ①王… ②付… ③于… Ⅲ . ①畜禽 -
养殖场 - 安全管理 - 指南 Ⅳ . ① X713-62

中国版本图书馆 CIP 数据核字 (2021) 第 203569 号

GUIMO CHUQIN YANGZHICHANG YINGJI JISHU ZHINAN

出版发行　天津大学出版社
地　　址　天津市卫津路 92 号天津大学内（邮编：300072）
电　　话　发行部 022-27403647
网　　址　www.tjupress.com.cn
印　　刷　廊坊市瑞德印刷有限公司
经　　销　全国各地新华书店
开　　本　145mm×210mm
印　　张　7
字　　数　270 千
版　　次　2021 年 10 月第 1 版
印　　次　2021 年 10 月第 1 次
定　　价　36.00 元

本书编委会

主　编：王鸿英　付永利　于海霞

副主编：李振国　李文钢　李泽青　马　超

编　委：陈荣荣　陈紫剑　崔　捷　窦树昊　宫祥静
　　　　黄艳兴　李　军　李焕婷　李亚东　刘志鹏
　　　　唐佩娟　滕忠香　王芳蕊　王洪娟　王　煦
　　　　王永颖　王宗晨　吴庆东　杨爱华　杨　颖
　　　　张建华　张雪峰　张一为　赵文强
　　　　（编委按拼音排序）

前　言

安全生产应急管理是安全生产工作的重要组成部分。提高生产人员安全生产应急管理专业素质，对有效预防和应对各类安全生产事故，最大限度地减少事故造成的伤亡和损失具有重要作用。

近年来，随着畜牧业转型升级的不断深入，规模化养殖、标准化管理和集约化生产成为不可逆转的发展趋势。人们对来自畜禽疫病传播和市场价格波动的风险有了较为深刻的认识，但对来自畜牧业生产管理密切相关的气象灾害、机械事故、人员安全等问题却了解不多。为弥补规模养殖场在应急管理技术上的空白，提高广大畜禽养殖从业人员的安全生产应急管理和安全事故应急处置能力，我们组织编写了《规模畜禽养殖场应急技术指南》一书。本书主要内容包括气象灾害预防与应急管理、突发畜禽疾病应急管理、常见设施设备安全故障应急管理、人员安全事故应急管理等4方面，全面介绍了畜禽养殖从业者应知应会的基本知识，总结了不同类型的安全事故，重点讲解了常见安全事故的预防措施以及发生安全事故后的应急处置措施，便于从业人员借鉴和学习。

本书适合广大畜禽养殖从业人员阅读，也可作为从事畜牧技术推广工作的科技人员的参考书。在编写过程中，我们参考了相关内容的书刊资料，也得到了各有关单位及专家的大力支持和帮助，在此一并表示衷心的感谢。

由于编者水平有限，不妥之处，敬请读者批评指正。

编者

2021 年 9 月

目　录

CONTENTS

第 1 章

气象灾害预防与应急管理

Chapter 1

1.1 气象灾害概述

灾害是给人类生命财产和人类赖以生存的环境造成破坏性影响的事件总称。一般情况下，人们把自然变异为主因的灾害称为自然灾害，如洪水、风暴、地震等；把人为影响为主因的灾害称为人为灾害，如矿难、交通事故等。自然灾害根据成因和我国自然灾害管理现状可分为气象灾害、海洋灾害、洪水灾害、地质灾害、地震灾害、农作物生物灾害、森林生物灾害、天文灾害和其他灾害九大类。我国由于幅员辽阔，地势地貌种类繁多，人类活动频繁，是自然灾害种类较多、影响较为严重的国家之一。这些自然灾害每年都会造成我国农业生产和国民经济巨大的损失。根据国家统计局公布的数据，仅 2019 年，受自然灾害影响，我国农作物受灾面积 31.35 万 km^2，农作物绝收面积 3.84 万 km^2，受灾人口 38 818.7 万人次，受灾死亡 2 284 人，直接经济损失达 5 808.4 亿元。

我国各类自然灾害中，干旱、洪水、雨涝、冰雹、高温、大风、寒潮、风暴潮、雷暴等气象灾害占据自然灾害总量的 75% 左右，并且连年来总体呈上升趋势。以天津为例，其地处华北平原东部，北依燕山，东临渤海，地跨海河两岸，受季风环流影响显著，是东亚季风盛行地区，暴雨、洪涝、高温、寒潮、大风、雷暴等气象灾害最为常见多发。气象灾害不但影响饲粮饲草作物的生长和产量，造成畜禽饲料、饮水供给不足，也可导致畜禽赖以生长发育的环境条件突发性改变，造成畜禽掉膘、降产、染疫甚至死亡。因此，畜牧生产过程中要充分认识到气象灾害对畜禽养殖的危害，做好气象灾害预警预报和应急防控工作，使气象灾害对畜牧业生产的影响降到最低。

1.2　气象灾害综合防御

1.2.1　气象灾害有效预警

开展气象灾害监测预警是推进防灾减灾工作的关键环节，是防御和减轻灾害损失的重要前提条件。我国人民自古就有开展气候、气象观测预报的传统，3 000 多年前出现的甲骨文中就已有风、云、雨、雪、雷等天气实况的记录，到秦汉年间二十四节气已完全确立，民间流传的大量气象谚语均提供了很好的例证。

我国气象灾害监测预警事业取得历史性进步是在中华人民共和国成立以后，特别是改革开放以来，我国的气象灾害监测预警预报能力得到大幅提升。根据国家气象局官网公布的信息显示，我国已构建由自动气象站、气象卫星、新一代天气雷达、高性能计算机系统等工程组成的气象灾害立体观测网，可实现气象灾害实时监测、短临预警和中短期预报无缝衔接；同时构建了国家、省、市、县四级相互衔接的、横向汇集 16 个部门 76 类预警信息的突发事件预警信息发布系统，实现预警信息 1 min 内到达受影响地区应急责任人、3 min 内覆盖应急联动部门、10 min 内有效覆盖公众和社会媒体。全国 2 090 个县制定了气象灾害防御规划，15.5 万个村（屯）制定了气象灾害应急行动计划，全国有 76.7 万名信息员，村屯覆盖率达 99.7%。仅在"十三五"期间，全国预警信息立体传播网络累计服务超过 10 亿次，公众覆盖率达到 87.3%，预警信息发布正确率提升至

99.98%，气象灾害造成的经济损失占 GDP（国民生产总值）的比例从 20世纪 90 年代的 3.4% 下降到目前的 0.6%，全国年均因气象灾害造成的死亡人数降至 2 000 人以下。气象防灾减灾第一道防线作用进一步夯实，也为畜禽养殖场防控气象灾害奠定了坚实基础。

畜禽养殖场实现气象灾害应急预警要做好以下两方面工作。

1. 及时掌握气象预报信息

气象预报包括公众气象预报、灾害性天气警报和气象灾害预警信号。其中公众气象预报是指面向社会公众发布的天气现象、云、风向、风速、气温、湿度、气压、降水、能见度等气象要素预报，以及日地空间环境、太阳活动水平、地磁活动水平、电离层活动水平、空间粒子辐射环境、中高层大气状态参数等空间天气要素预报。灾害性天气警报和气象灾害预警信号是指台风、暴雨、暴雪、寒潮、大风、沙尘暴、低温、高温、干旱、雷电、冰雹、霜冻、大雾、霾、道路结冰等气象灾害预警信息，以及太阳耀斑、太阳质子事件、日冕物质抛射、磁暴、电离层暴等空间天气灾害预警信息。我国建立有完善规范的气象预报发布与传播管理制度，畜禽养殖场只要密切关注，即可从多部门、多渠道无偿获得气象预报信息。

（1）关注天气预报

天气预报是气象部门应用大气变化规律，根据对卫星云图和天气图的分析，结合有关气象资料、地形和季节特点、历史经验等综合研判后作出的对某一地未来一定时期内的天气状况预测。根据时效的长短，其通常分为 3 种：短期天气预报（2~3 d）、中期天气预报（4~9 d）、长期天气预报（10~15 d），中央电视台每天播放的天气预报主要是短期天气预报。畜禽养殖场工作人员每天通过电视、广播电台及网络、手机等途径收看收听天气预报信息是及时了解天气变化、掌握一定时期内是否发生灾害性天气的最便捷方式。

（2）关注预警信息

全国各地对于台风、暴雨、暴雪等气象灾害和局地暴雨、雷雨大风、冰雹、龙卷风、沙尘暴等突发性气象灾害建立有完善的紧急预警发布制度，畜禽养殖场只要密切关注，就可多渠道、多手段获得灾害性天气警报和气象灾害预警信号，更早更快地预知风险，为有效应对气象灾害赢得时间。

获得气象预警信息主要包括以下几种途径。

一是每天按时了解电视、广播电台、短信、网络等渠道向社会公众发布的信息，及时获取气象灾害预警。

二是通过手机下载登录国家突发事件预警信息平台或地方气象信息平台，如"预警12379"APP或"天津天气"APP等随时主动获取气象灾害预警信息。

三是收听收看农村大喇叭应急广播、电子显示屏发布的消息，以及通过农村气象信息服务站、村级气象信息员及时了解气象灾害信息。

2. 正确识别气象灾害预警信号

气象灾害预警信号是指为增强全民防灾减灾意识，提高气象灾害预警信息使用效率，有效防御和减轻气象灾害，由有发布权的气象台站向社会公众发布的警报信息图标。全国各地预警管理方案总体相同，但不同的省（自治区、直辖市）对于同一或不同的预警类型也有不同的标准，这主要与气象要素造成灾害的程度不同有关，比如某种气象要素在当地是灾害因素，在另一地则不会造成灾害。同时各省（自治区、直辖市）针对当地特有的预警要素也会发布一些其他类型的预警信号，诸如地质、海洋、森林、大气环境等。

根据国家气象局颁布的《气象灾害预警信号发布与传播办法》，预警信号由名称、图标和含义3部分构成。常见的预警信号包括台风、暴雨、暴雪、寒潮、大风、沙尘暴、高温、干旱、雷电、冰雹、霜冻、大雾、霾、道路结冰等，大部分分4个等级，有4种颜色，灾害程度从低到高为蓝色、黄色、橙色、红色。红色是最高等级预警信号，预警信号等级越高造成的灾害越严重，可能发生的时间越紧迫，情况越危急。因此，正确识别和读懂气象灾害预警信号是有效应对气象灾害的基本要求。例如，天津市对畜禽养殖影响较大且常见的气象预警信号主要有 5 类，分别为暴雨、高温、寒潮、雷电和大风，详情如下。

（1）暴雨预警信号

1）暴雨蓝色预警信号（图 1-1）。

图 1-1　暴雨蓝色预警信号

标准：12 h 内降雨量将达 50 mm 以上，或者已达 50 mm 以上且降雨可能持续。

2）暴雨黄色预警信号（图 1-2）。

图 1-2　暴雨黄色预警信号

标准：6 h 内降雨量将达 50 mm 以上，或者已达 50 mm 以上且降雨可能持续。

3）暴雨橙色预警信号（图 1-3）。

图 1-3　暴雨橙色预警信号

标准：3 h 内降雨量将达 50 mm 以上，或者已达 50 mm 以上且降雨可能持续。

4）暴雨红色预警信号（图 1-4）。

图 1-4　暴雨红色预警信号

标准：3 h 内降雨量将达 100 mm 以上，或者已达 100 mm 以上且降雨可能持续。

（2）高温预警信号

1）高温黄色预警信号（图1-5）。

图1-5 高温黄色预警信号

标准：连续3d日最高气温将在35℃以上。

2）高温橙色预警信号（图1-6）。

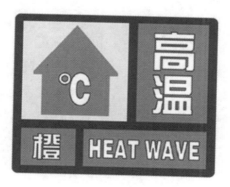

图1-6 高温橙色预警信号

标准：24h内最高气温将升至37℃以上。

3）高温红色预警信号（图1-7）。

图1-7　高温红色预警信号

标准：24 h内最高气温将升至40 ℃以上。

（3）寒潮预警信号

1）寒潮蓝色预警信号（图1-8）。

图1-8　寒潮蓝色预警信号

标准：24 h内最低气温将要下降8 ℃以上，最低气温小于等于4 ℃，陆地平均风力可达5级以上；或者已经下降8 ℃以上，最低气温小于等于4 ℃，平均风力达5级以上，并可能持续。

2）寒潮黄色预警信号（图 1-9）。

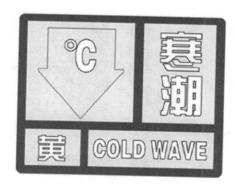

图 1-9　寒潮黄色预警信号

标准：24 h 内最低气温将要下降 10 ℃以上，最低气温小于等于 4 ℃，陆地平均风力可达 6 级以上；或者已经下降 10 ℃以上，最低气温小于等于 4 ℃，平均风力达 6 级以上，并可能持续。

3）寒潮橙色预警信号（图 1-10）。

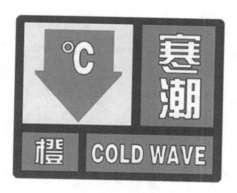

图 1-10　寒潮橙色预警信号

标准：24 h 内最低气温将要下降 12 ℃以上，最低气温小于等于 0 ℃，陆地平均风力可达 6 级以上；或者已经下降 12 ℃以上，最低气温小于等于 0 ℃，平均风力达 6 级以上，并可能持续。

4）寒潮红色预警信号（图 1-11）。

图 1-11　寒潮红色预警信号

标准：24 h 内最低气温将要下降 16 ℃以上，最低气温小于等于 0 ℃，陆地平均风力可达 6 级以上；或者已经下降 16 ℃以上，最低气温小于等于 0 ℃，平均风力达 6 级以上，并可能持续。

（4）雷电预警信号

1）雷电黄色预警信号（图 1-12）。

图 1-12　雷电黄色预警信号

标准：6 h 内可能发生雷电活动，可能会造成雷电灾害事故。

2）雷电橙色预警信号（图 1-13）。

图 1-13　雷电橙色预警信号

标准：2 h 内发生雷电活动的可能性很大，或者已经受雷电活动影响，且可能持续，出现雷电灾害事故的可能性比较大。

3）雷电红色预警信号（图 1-14）。

图 1-14　雷电红色预警信号

标准：2 h 内发生雷电活动的可能性非常大，或者已经有强烈的雷电活动发生，且可能持续，出现雷电灾害事故的可能性非常大。

（5）大风预警信号

1）大风蓝色预警信号（图1-15）。

图 1-15　大风蓝色预警信号

标准：24 h 内可能受大风影响，平均风力可达 6 级以上，或者阵风 7 级以上；或者已经受大风影响，平均风力为 6~7 级，或者阵风 7~8 级并可能持续。

2）大风黄色预警信号（图1-16）。

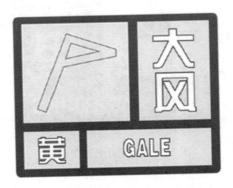

图 1-16　大风黄色预警信号

标准：12 h 内可能受大风影响，平均风力可达 8 级以上，或者阵风 9 级以上；或者已经受大风影响，平均风力为 8~9 级，或者阵风 9~10 级并可能持续。

3）大风橙色预警信号（图1-17）。

图1-17　大风橙色预警信号

标准：6 h内可能受大风影响，平均风力可达10级以上，或者阵风11级以上；或者已经受大风影响，平均风力为10~11级，或者阵风11~12级并可能持续。

4) 大风红色预警信号（图1-18）。

图1-18　大风红色预警信号

标准：6 h内可能受大风影响，平均风力可达12级以上，或者阵风13级以上；或者已经受大风影响，平均风力为12级以上，或者阵风13

级以上并可能持续。

1.2.2　气象灾害有效防御

畜禽养殖场科学组织开展气象灾害防御工作，可避免、减轻气象灾害造成的损失，保障人员安全、畜禽健康和正常生产。畜禽养殖场在强化对气象灾害信息监测预警工作的同时，在规划建设、人员培训、气象灾害应急预案制定、应急物资准备、设施设备维护等方面应做好周密准备，以便在气象灾害发生时能够有效应对。

1）加强灾害监测预警。畜禽养殖场应加强与气象等部门、农业技术推广服务部门的沟通联系，时刻关注应急管理和气象部门发布的气象预警信息，通过网络、电视、广播、手机等渠道，及时掌握气象灾害预警信息。

2）科学选址，合理规划建设。畜禽养殖场建设初期应做好规划勘探和设计工作。在符合防疫要求的前提下，首先选择地势较高、坡势较缓、排水良好、背风向阳的场地建场，不要选择行洪区、蓄洪区以及谷地、低洼潮湿等易受灾区域，以免在雨季及汛期被水浸或淹没。第二，避免建在孤立的高岗、山顶地带，应进行区域雷击风险评估，避开雷击易发区域建场。第三，要避开风口，特别是在山区，要注意风的狭管效应，避开两山间的风口处建场。第四，建筑材料、建筑结构、建筑指标要符合当地气候条件要求，圈舍具备良好的排水、防风、防雷、防火、散热和保暖功能。

3）制定预案，强化管理。畜禽养殖场气象灾害防御工作应当坚持有效预防、责任到人、科学施策的原则，并纳入畜禽养殖场日常管理工作；针对不同气象灾害应制定应急预案，确立人员职责分工，细化具体措施，做到有备无患，实现组织、协调、施救等环节，能安全有序处置各类气象灾害。

4）强化培训，提高防范意识。畜禽养殖场要强化气象灾害防御知识学习，加强畜禽养殖场职工科普宣教。一方面不断巩固职工的气象灾害防范意识，另一方面提高职工的气象灾害防灾避险、现场处置及生产自救能力，灾害来临之时能够做到有效、科学应对。

5）开展隐患排查，做好设施设备维护。在气象灾害多发时段来临之前，畜禽养殖场户要做好各项防范准备工作，彻底排查安全隐患，及时加固畜禽棚圈，检修电力设备，疏通排水管道沟渠，维护饲喂饮水和环控设备，确保各项生产设施设备处于良好运行状态。

6）强化物资储备，保障有效应对气象灾害。在气象灾害多发季节，养殖场首先要做好饲草饲料、兽药、疫苗等必需生产物资的储备工作，以保障受灾期间投入品有效供给。二要做好临时发电、救灾工具、排水设备、消毒设施、消毒药品、防护用品等救灾应急物资的储备，以有效应对各种气象灾害。

1.3 气象灾害应急处置措施

1.3.1 暴雨洪涝灾害应急处置措施

1. 暴雨洪涝灾害概述

暴雨是降水强度很大的雨。在我国，气象上规定 24 h 降水量为 50 mm 或以上的雨称为"暴雨"，其按降水强度又分为 3 个等级，即 24 h 降水量为 50~99.9 mm 的为"暴雨"，100~249.9 mm 的为"大暴雨"，250 mm 以上的为"特大暴雨"。暴雨是一种影响严重的灾害性天气。某一地区连降暴雨或出现大暴雨、特大暴雨，常导致山洪暴发，水库垮坝，江河横溢，房屋被冲塌，农田被淹没，交通和通信中断，给国民经济和人民的生命财产带来严重危害。中国是个多暴雨的国家，几乎各省（市、区）暴雨均有出现。受季风、地形等影响，在我国，暴雨的地域性和时间性特征表现为，南方多而北方少，东南沿海多而西北内陆少，夏季多而冬季少。7—8 月份是北方各省的主要暴雨季节，暴雨强度很大。

由暴雨引起的洪涝会淹没作物，使作物的新陈代谢难以正常进行，淹水越深，淹没时间越长，危害越严重。特大暴雨引起的山洪暴发、河流泛滥不仅危害农、林、牧、渔业，而且还会冲毁农舍和工农业设施，甚至造成人畜伤亡，经济损失严重。中国历史上的洪涝灾害大多是由暴雨引起的，如 1954 年 7 月长江流域特大洪水、1963 年 8 月海河特大洪水、

1975 年 8 月河南大涝灾、1998 年中国全流域特大洪涝灾害等都是由暴雨引起的。

2. 暴雨洪涝灾害对畜禽养殖的影响

暴雨可以引发严重的洪涝灾害，洪水浸漫之处，大量畜禽被冲走或淹死，圈舍浸水或损毁，防疫设施设备遭到破坏，物资供给遭受重创。暴雨洪涝灾害在给畜牧业造成直接经济损失的同时，对动物防疫工作和公共卫生安全也带来了很大压力和风险。

（1）圈舍等养殖设施设备损毁

暴雨洪涝灾害对畜禽养殖业最直接的危害便是对圈舍及设施设备造成不可挽回的损害。暴雨往往伴随着剧烈的狂风，一些简易圈舍或电线等设施很容易被大风损毁，即使规范建设的畜禽场在洪水反复冲刷或长时间浸泡条件下，也可能因地基松软、滑坡、沉降等原因造成圈舍倒塌、管网堵塞折断、电器漏电报废、路面塌陷冲毁等情况，从而导致畜禽被冲走或死亡，畜禽养殖场无法维系正常生产。

（2）饲料等投入品霉变腐烂

暴雨洪涝灾害不仅造成养殖场圈舍及设施设备的损毁，还会造成饲料和药物等投入品霉变腐烂。各类饲料饲草和青贮在遭受暴雨淋湿或水灾浸泡 3 h 后就会出现霉变现象，不但影响畜禽采食和适口性，还会引起畜禽霉菌毒素中毒，导致畜禽染疫或生长性能及生产性能下降。即使饲料饲草没有受到洪水浸泡，但由于洪涝灾害使养殖场温度和湿度都发生异常，高温高湿环境加速霉菌滋生繁殖，极易引起饲料饲草发霉变质，这也是为何雨季饲料饲草中添加脱霉剂的主因。受到浸泡或发生霉变的饲料等物资如果不及时处置，就会发生腐烂，可能引发更大范围的污染，导致更为严重的后果。

（3）畜禽溺水死亡

暴雨侵袭过于突然，且雨势凶猛，养殖场的工作人员往往来不及采取有效的应急措施，养殖场内部便被暴雨所淹没，造成养殖场内的畜禽溺水而亡。这种现象每年全球都有发生，如 2019 年 2 月，澳大利亚东北部的昆士兰州遭受暴雨袭击，在内陆地区引发了严重洪灾，据估计造成牧民数十万头牛死亡。特别在我国南方地区，汛期的暴雨洪涝是造成畜牧业重大损失的主因之一，如 2015 年 6 月 16 日，广西大化瑶族自治县六也乡出现暴雨洪灾，导致一养殖场 16 000 头猪被淹死。

（4）防疫设施设备无法发挥应有作用

暴雨或洪涝灾害后，如果消毒池、消毒室等防疫设施受到严重损毁或内涝浸泡，则它们的正常生物安全功能丧失，导致防疫屏障出现漏洞，无法有效阻挡外界病原微生物侵入，疫情风险增加。

（5）疫病传染源明显增加

暴雨洪涝灾害后，因灾死亡的畜禽尸体随水流漂浮，甚至腐烂；无害化处理区的粪便等污物携带大量病原微生物随水流动，在场区四处扩散；肮脏潮湿的环境诱发蚊蝇大量滋生，加剧病原微生物传播。另外，暴雨还可将其他地区土壤中的芽孢、病毒、细菌、寄生虫等病原体裹挟到养殖场，从而造成进一步的大面积污染。非洲猪瘟、口蹄疫、高致病性禽流感等重大动物疫病以及血吸虫病、炭疽、猪链球菌病等多种人畜共患病流行和发生风险增大。

（6）汛期畜禽抵抗力下降

水灾后圈舍淋雨、浸泡、损坏等引起饲养条件的改变，畜禽得不到良好的饲养管理以及频繁应激下动物机体的免疫应答能力逐渐降低，易受细菌、病毒、寄生虫等病原微生物侵袭。如猪场水灾后易发生链球菌病、大肠杆菌病、传染性胃肠炎等疫病流行；奶牛场中的牛易发乳房炎和肢蹄病等。特别是受到水灾浸泡的畜禽和老龄、体弱的畜禽，最易发病，甚至出现死亡。

3. 畜禽场暴雨洪涝灾害防御

1）安排人员值守，密切关注当地气象台站或应急管理部门发布的暴雨灾害信息，做到对恶劣气候及时预警，并迅速反应。

2）全面排查圈舍存在的安全隐患，检查建筑设施牢固程度，并对不牢固部位进行加固，对破损屋面进行防漏处理。尤其是老旧圈舍，防止圈舍坍塌，避免大的损坏。对电路进行检查和排查，及时更换老化、破损的电线，避免短路、漏电等危险情况发生。

3）保证场区排水畅通，提前清理排水管口、窨井、地下暗管及地面排水明沟内的杂物、淤泥等，保证暴雨来临时排水畅通，防止排水系统堵塞造成圈舍等建筑物进水，影响生产。

4）预防饲料霉变中毒，对饲料的存储、运输严格把关，检查饲料仓库，防止屋面滴漏。选择使用质量可靠的脱霉剂，并在汛期雨季在饲料中加倍添加。汛期畜禽用饲料应尽量现配现用，保持干燥、清洁。饲料贮存间要注意干燥清洁，通风透气，饲料离地离墙堆放，防止受潮霉变。

5）根据栏舍情况，提前考虑是否做好了栏舍坍塌后畜禽转移所需设备设施准备。

6）认真巡查各种设备、设施，特别是保证生产用电系统、紧急备用电源、电力通信系统处于正常工作状态，并储备一定数量的发电设备备件和足够的燃料。

7）根据天气变化，在暴风雨天气到来之前，储备一定数量的饲料、兽药、疫苗、电解多维等生产物资，防止灾害天气过长或灾害过后出现物资紧缺情况。

8）储备一定数量的防雨涝物资及汛期抢险物资，包括塑料薄膜、雨具、水泵、排水管、电线、阻水沙袋、清淤工具等。

9）当暴雨来临前，随时注意关好圈舍门窗，尤其是开放、半开放式圈舍，要防止雨水进入圈舍，造成畜禽应激或损失。另外，注意温度突变，防止畜禽出现冷应激的情况。

4. 畜禽场暴雨洪涝灾害应急处置

（1）做好圈舍及环境的清理

暴雨水灾过后，首先要尽快疏通养殖场的排水通道，采取各种手段排除圈舍内及场区的积水。清除畜禽圈舍及周边溺死的动物尸体、洪水退去后留下的污泥、粪尿及杂物等。对过水地带畜禽生产场所及周边环境、生产工具进行全面彻底地冲洗，冲洗干净后再进行消毒。

（2）做好圈舍及环境的消毒

对所有圈舍、舍外环境、畜禽运输车辆、用具等进行一次全面消毒。对舍内环境，能转移畜禽进行彻底清栏消毒最好，如不能做到，则应采用百毒杀等刺激性小、安全性高的强力广谱消毒药进行消毒；外围道路、运动场可选择石灰乳、烧碱等性价比高的消毒药进行消毒；饲料、饲草、用具等怕腐蚀物品用臭氧熏蒸方式消毒。除常规消毒外，灾后还应根据疫病的流行情况增加消毒次数，灾后环境至少每周消毒 2 次，圈舍可带畜禽每周消毒 3~4 次。一旦发生疫情，应增加消毒频率，并对消毒效果进行监测。

（3）做好损毁圈舍的修复

对因灾损坏严重的圈舍，要抓紧修复，不能及时修复的，应尽快将畜禽转移至干燥、安全地带。圈舍选址不当或难以抵抗自然灾害的，须异地再建，宜选择地势较高、地质稳定、通风向阳、排水方便、远离保护水源、干线公路、工厂、居民聚集的地方。圈舍四周应挖排水沟，以减少洪涝灾害对畜禽生产的危害。

（4）做好受潮霉变饲料的处理

加强对灾后饲料的管理，防止霉变饲料对畜禽造成危害。对于被雨水浸泡的少量饲料或受潮饲料应适当晾晒，并配合加倍剂量的脱霉剂饲喂；对结块或轻微霉变的全价配合饲料经脱毒处理后可少量搭配饲喂，但要注意不能饲喂能繁母畜；对于发霉变质的饲料饲草一定要挑拣出，禁止饲喂畜禽；对于发霉严重的全价配合饲料，则应丢弃还田，避免因毒害畜禽造成更大的损失。

（5）加强畜禽饲养管理

经历了水灾恶劣环境的畜禽，体质下降，在灾后高温高湿的饲养条件下容易感染发病，因此务必要加强畜禽舍的通风换气，及时清理粪便、更换垫草等，保持畜禽舍干燥卫生，并适时予以降温，给畜禽创造一个良好的生活环境。

灾后要特别注意给畜禽适当增加精饲料喂量，少添勤喂；合理搭配青、精、粗饲料，日粮组成营养全面，适当提高饲料的营养成分；适当增喂一些复合多维，如维生素 B、维生素 C、维生素 E 和亚硒酸钠、电解质、微生态制剂及免疫增强剂（如黄芪多糖）等，以增强畜禽机体的抗应激能力和抵抗力。要保证提供给畜禽充足、清洁的水源。暴雨后的水源可能被污染，一定要做好饮水的消毒工作，尤其是使用周边水源（包括地下水）的畜禽场，可在饮水中加入适量过氧化氢等符合标准的饮用水消毒剂。如果畜禽使用水槽饮水，要保证每天用浓度为 0.1% 的高锰酸钾或次氯酸钠水溶液清洗 1 次水槽，清洗干净后再给畜禽使用。

（6）加强灭蚊、灭蝇、灭鼠工作

蚊蝇不仅骚扰畜禽休息和正常采食，还是某些疫病传播的第一媒介；老鼠不仅传播许多疫病、造成饲料损失，还会对畜禽场的重要设施如电路、电器造成破坏，影响生产安全。水灾过后要做好防止野生动物侵入工作和加强灭蚊、灭蝇、灭鼠工作，及时修补破损围墙、防护网。对蚊蝇幼虫的滋生场所，要及时清除积水或填土覆盖，对有大量蚊虫滋生的水坑或池塘，可使用控制蚊蝇幼虫的杀虫剂。定期对养殖场及其周围环境喷洒杀虫剂，安全投放灭鼠药，有效控制蚊蝇、鼠害的发生。

（7）加强动物疫病防控

水灾过后，大部分畜禽免疫能力下降，而且仍处于高热、高湿等应激环境中，更容易受到疫病的侵袭。因此灾后要加强疫病防控工作，一要做好畜禽巡视工作，仔细观察畜禽活动状况，如有异常应尽快处理。二要对应激情况下容易发生的细菌性疫病进行药物预防和保健。三要加强免疫监测工作，根据免疫抗体检测情况和免疫程序对畜禽及时进行强化免疫。四要做好雨季常见病、多发病防控工作，对于犊牛营养性腹泻、牛羊梭菌病、牛羊腐蹄病，生猪链球菌病、乙脑、家禽大肠杆菌病、支原体感染等疫病，要根据周边疫情情况，及时开展评估，必要时采取紧急预防性免疫接种或药物预防。五是要重视多雨季节的驱虫工作，及时进行畜禽体内外寄生虫驱虫。

（8）调整畜禽存栏结构

对低龄、体弱、伤残、病情严重的受淹畜禽要及时淘汰，降低饲养成本。商品畜禽达到出栏标准的要尽快出栏，降低饲养密度，并做好灾后畜禽补栏补养工作。

（9）做好病死畜禽及废弃物无害化处理

水灾过后，病死畜禽及清扫出的粪便及污泥、杂物等带有大量病原微生物，如不及时进行无害化处理，病菌会到处扩散传播，污染环境。畜禽尸体最好装入密封袋，运输病死畜禽和粪便、污泥的运输车辆应防止液体渗漏，接触面应易于反复清洗消毒。

粪便及污泥、杂物等要进行堆积发酵，利用生物热进行消毒处理。病死畜禽最简单有效的处理方法是深埋，深埋应选择高岗地带，坑深在 2 m 以上，尸体入坑后，撒上石灰或消毒药水，覆盖厚土。有条件的地方对尸体可以进行焚烧处理，或直接投入无害化处理池。因患炭疽死亡的畜禽，其尸体不得被直接掩埋处置。

运输病死畜禽和污物的车辆和相关运输设施离开圈舍和掩埋点时应进行彻底的清洗消毒。

（10）防止人畜共患病的发生

在养殖场里，因灾后环境处于相对污染的条件，因此在工作操作中要做好自我防护，应穿防护服，戴口罩、手套、护目镜，穿雨靴；避免盲目操作，尽量避免直接接触病死畜禽，防止人畜共患病的发生。病死畜禽等处理完毕后，应及时对个人及环境进行消毒，工作人员应接受健康检查，出现不良症状时及时就医。如工作人员出现意外及刮擦，需立即进行消毒处理，情节严重的应及时就医。

1.3.2　极端高温灾害应急处置措施

1. 极端高温灾害概述

世界气象组织建议高温热浪的标准为日最高气温高于 32 ℃，且持续 3 d 以上。中国气象学一般把日最高气温达到或超过 35 ℃称为高温。气温在 35 ℃以上的天气称为"高温天气"，如果连续几天最高气温都超过 35 ℃时，即可称作"高温热浪"天气。中国除青藏高原等地区以外，大多数地方都出现过高温天气，中国的高温天气主要集中在 5—10 月份。从地理位置上看，江南、华南、西南及新疆都是高温天气的频发地。天津地区每年 6—9 月份易出现极端高温天气。

2. 极端高温灾害对畜禽养殖的影响

高温灾害对畜禽养殖的影响是多方面、多层次的，既可直接造成畜禽伤亡，也可影响畜禽健康，造成生产性能下降，还可因高温衍生灾害对畜禽养殖产生更大的影响。

（1）畜禽伤亡

1）应激伤亡。一般情况下，畜禽动物存在等热区，当环境温度位于等热区范围时，动物能够通过自身的体温调节机制来维持自身的正常体温；

如果环境温度持续升高，畜禽散热能力受阻，只依靠物理调节已经不能维持热平衡，此时必须启动物理化学调节。当这些调节都不能有效地维持畜禽体内热平衡时，机体将产生一系列反应，这就是热应激。热应激可产生诸多非特异性生理反应，如下所示。

a. 热喘息：呼吸运动加快，二氧化碳排出量增加，呼吸性碱中毒。

b. 心率加快：心力衰竭、脑充血、肺水肿、缺氧等。

c. 体内氧化代谢增加，过氧化物增加，膜系统损伤。

d. 加强甲状腺和肾上腺的功能：物质代谢加快，免疫力降低。

e. 水和电解质平衡紊乱：排尿增加，离子丢失增加。

以上热反应可引发畜禽的应激伤亡，严重情况下，畜禽可直接中暑死亡。

2）意外伤亡。此类影响主要有畜禽产生应激反应后昏厥，出现撞击、挤压、踩踏等行为，引起伤亡，对温度敏感的家畜以及群养的家禽最容易产生这类伤亡。

（2）畜禽生产性能下降

畜禽生产性能下降是高温灾害最普遍、最常见的影响表现，主要是高温天气导致畜禽热应激，可导致公畜性功能减退，性欲减退，精子活力降低，甚至出现死精、畸形精子。各种性激素的分泌减少，致使精、卵细胞发育受阻，母畜返情率高，受胎率下降。分娩母畜停止生产，出现慢性回肠炎症、乳房炎、子宫内膜炎和无乳综合征、仔猪出生率降低等临床表现。怀孕母畜容易流产、早产、弱产，发生死胎或干尸等现象。在高温环境下，奶牛与生殖相关的激素的分泌量减少，如促性腺激素、促性腺释放激素、黄体生成素、促卵泡激素等，同时还会影响到发情和排卵，使配种受胎率降低。高温可导致产蛋家禽产蛋率下降或停产，孵化率下降，同时高温使公禽精液质量下降，受精率下降，精液中 Ca^{2+}、Na^+ 和 Cl^- 的浓度和精子细胞内的离子浓度下降，表明热应激可能是通过降低精液和精子细胞中的离子浓度来影响受精率的。灾害过后，蛋鸭、蛋鸡等家禽很难再恢复到高温灾害发生前的产蛋水平。

（3）畜禽健康水平降低

高温灾害对畜禽健康水平的影响是多方面、多层次的。生猪生长、育肥的适宜温度在 18~25 ℃，温度每高于临界温度 1 ℃，生猪日增重减少 60~70 g。炎热的天气使育肥猪采食量减少，育肥时间加长，出栏时间推迟。保育期后的育肥猪可能因为高温而患慢性回肠炎，加上高温体表热耗增加，从而影响和降低饲料报酬。严重的温度应激和营养不良对仔猪影响更大，甚至使其生长停滞。

（4）畜禽机体代谢功能降低

在高温的环境中，机体的代谢活动加强，产生大量的代谢产物——过氧化物。过氧化物有很强的氧化性，如果机体的过氧化物清除系统不能很快地起作用，累积的过氧化物就会损伤消化系统的黏膜细胞，导致消化系统的营养物质吸收障碍，畜禽生产及生长性能下降。持续的热应激使畜禽体内大部分血液供应由内脏分流到皮肤，流向消化道的血液量大幅减少，消化道氧和营养供应不足，最终导致肠黏膜损伤。肠黏膜细胞的损伤导致肠管内大肠杆菌等产生的内毒素进入血液循环系统，并引起急性病理反应。为了快速排出机体内产生的热量，机体呼吸加快，呼出大量的二氧化碳，使血液 pH 值升高，导致代谢性的碱中毒；同时，细胞无氧代谢活动增强，产生大量的酸性代谢产物，使细胞酸中毒。高温还会导致消化酶的分泌减少，从而影响机体对饲料的消化吸收和畜禽食欲。环境高温持续的时间过长，严重时会导致机体微循环障碍而出现中暑病症。

（5）畜禽产品质量下降

肉、蛋、奶作为畜禽产品直接反映畜禽生产性能，极端高温天气会对畜禽养殖产生不良影响，进而降低产品质量。高温可导致蛋重减轻，蛋品质下降，蛋壳厚度和质量下降。高温使生猪的肌肉生长急剧下降，瘦肉率显著降低。高温对奶牛最直接的影响就是使奶牛的产奶量减少。通常奶牛最适宜的生活温度为 5~15 ℃，温度过高或者过低都会对奶牛的产奶量产生不良的影响，尤其是在高温条件下，产奶量会随着温度的升高而不断地下降。主要原因是在高温环境下，奶牛的采食量减少，摄入的营养不足，同时排汗量增加、呼吸频率加快而导致能量消耗增加，从而导致产奶量减少，这对于处于泌乳高峰期的奶牛影响更为严重。另外，由于对粗饲料的采食量不足，奶牛瘤胃内乙酸的含量减少，丙酸的生成增加，导致乳脂率降低，影响产奶量。在高温季节，牛奶的成分会发生改变，最为明显的就是乳脂率会降低，并且乳脂中饱和长链脂肪酸的比例增加，短链脂肪酸的比例变小；牛奶中乳糖的比例减小，导致乳蛋白质的分泌量也减少；同时牛奶中钙和钾的含量也有所降低，牛奶的品质随之下降。

（6）畜禽患病率增加

高温条件下，畜禽机体免疫功能下降，极易造成各类疫病的发生，如奶牛乳房炎发病率升高，主要原因是一方面高温环境下奶牛免疫蛋白数量减少，机体的抵抗力下降；另一方面则是在高温环境下，病原微生物会大量的繁殖，从而增加奶牛感染疾病的概率。

（7）衍生其他危害

衍生其他危害如饲料发霉，玉米赤霉烯酮等霉菌毒素的存在是一种常态，霉变的饲料直接抑制猪的免疫系统，造成机体的免疫抑制。

3. 畜禽养殖场高温灾害防御

由于高温环境对畜禽养殖带来一系列不良的影响，需要养殖场关注高温天气信息，根据高温季节的气候特点，制订多项防暑降温措施，同时加强各畜种的日常管理，以预防为主，将防御端口前移。

（1）做好极端高温灾害信息监测

密切关注当地气象台站或应急管理部门发布的极端高温灾害信息，密切关注当地天气变化，及时与相关部门联系，以做好灾害信息监测和应急预案实施工作。

（2）制订极端高温天气应急预案

根据畜禽不同养殖方式和不同畜禽对环境条件的需求，制订极端高温天气应急预案，确定如风机、喷淋、喷雾和湿帘等通风降温设施设备的开启条件、运行程序；确定何种天气状态停止放牧；确定极端高温天气饲喂方式和饲养标准的调整，明确如何保证饮水供给、如何应对畜禽突发中暑等。

（3）做好电力和通风降温设备的维护保养

夏季高温季节来临之前，应做好供电系统、发电设备和风机、喷雾、湿帘等通风降温设施设备的检修工作，更换老旧破损线路，使发电设备和通风降温设施设备时刻保持即时运行的良好状态。

（4）提高圈舍隔热防热辐射水平

畜禽圈舍内部可选用隔热材料吊顶，增加隔热层；外部屋面可涂成白色的，来减少太阳辐射或架设遮阳网减少阳光照射。舍外运动场可搭建凉棚或用遮阳网遮阴。

（5）调整畜禽群体密度

夏季高温季节来临之前，合理控制好畜禽的饲养密度，适当扩大畜禽活动范围，避免过于拥挤，以利于畜禽通风散热。

（6）做好极端高温天气应急物资储备

储备足够的发电机燃油，以备外部供电系统极端高温天气断网停电；准备适量通风降温设备维修配件，防止设备在高度运转状态下发生损坏；准备口服补液盐、电解多维等防暑降温饲料添加剂及畜禽中暑急救药品等，以备应急之需。

4. 畜禽养殖场极端高温灾害应急处置

发生极端高温灾害后，畜禽场工作人员应及时行动，采取有效应对措施，消除和减少高温灾害带来的损失。

（1）加大强制通风降温措施

根据圈舍结构和通风方式，开启风机、喷淋、喷雾、湿帘等通风降温设施设备，加大空气对流和蒸发散热速度。对于通风不畅的圈舍，应扩开或增开窗户、进风孔，撤掉通风障碍物，促进空气对流，保证空气畅通无阻。发生断网停电时，应立即启动发电系统供电或尽快打开门窗，保证自然通风。

（2）及时调整舍外放牧活动

高温天气下，应选择凌晨凉爽时放牧，适当减少放牧时间，或者不放牧。对于已经在舍外空旷地带放养的畜禽，应尽快将畜禽驱赶到树林、凉棚等阴凉的地方，以免畜禽受到阳光直射而中暑。

（3）保证供给充足清洁的饮水

高温天气下畜禽用水量猛增，要做好供水管线和饮水设备的维护，保证畜禽能够随时饮用充足清洁的饮水。

（4）调整饲喂方式

高温天气条件下，应避开午后高温时段饲喂畜禽，可按照"早晨早喂，晚上晚喂"的原则，将饲喂时段调整到早晚凉爽时段，增加早晚饲喂次数，或采用自动饲喂方式，保证畜禽即时采食。对于奶牛，可通过增加发料次数或增加早晚发料比例，尽可能提高奶牛采食量。

（5）调整营养供给

高温环境下畜禽食欲减退，应适当提高畜禽日粮营养浓度。猪日粮应适当减少能量饲料用量，适当增加蛋白饲料用量，并适度增加青绿饲料喂量；家禽日粮能量饲料和蛋白饲料用量应同步适度提高；奶牛日粮应保持精料的多样性，适当提高日粮中精料的比例，并通过添加脂肪等方式来提高奶牛日粮的能量浓度，同时提高粗饲料的质量。

高温环境下畜禽体内钠、钾等元素流失加快，维生素等营养物质消耗增多，畜禽应适当补充营养性添加剂。奶牛日粮应适量添加瘤胃缓冲剂碳酸氢钠或氧化镁，并补充钠、钾等元素，并提高维生素 A、E、C 的添加量。生猪日粮中应适量添加小苏打及提高维生素用量，饮水中添加口服补液盐。家禽日粮除额外补充钠、钾以及碳酸盐外，在饮水中，应适当添加维生素 C 以及薄荷、藿香等缓解热应激的中草药添加剂。

（6）加强畜禽日常管理

加强畜禽圈舍巡视，发现畜禽发病、死亡等现象及时处理；及时清除粪便、污物和更换垫料，以保持圈舍清洁、干燥，并定期对圈舍、工具、饮水系统等进行消毒。

（7）做好设施设备维护

加强供电系统及防暑降温设施设备检查，发现问题隐患及时维修，保证各种设备正常运转。

（8）控制虫媒

做好防蚊蝇工作，清除蚊蝇滋生地，减少传染病媒介物。

1.3.3　寒潮低温灾害应急处置措施

1. 寒潮低温灾害概述

寒潮是指来自高纬度地区的寒冷空气在特定的天气形势下，迅速加强并向中低纬度地区侵入，给沿途带来剧烈降温、霜冻、大风等灾害性天气的现象。人们习惯上把寒潮称为寒流。按中央气象台规定：由于冷空气的侵入，使气温在 24 h 内下降 8 ℃以上，最低气温降至 4 ℃以下，作为发布寒潮警报的标准。同时，中央气象台又对上述标准作了补充规定：长江中下游及其以北地区 48 h 内降温 10 ℃以上，长江中下游最低气温在 4 ℃与 4 ℃以下（春秋季改为江淮地区最低气温在 4 ℃与 4 ℃以下），陆上 3

个大区有 5 级以上大风，渤海、黄海、东海先后有 7 级以上大风，可作为寒潮警报标准。如果上述区域 48 h 内降温达 14 ℃以上，其余同上，可作为强寒潮警报标准。

侵入我国的寒潮主要来自北极地带、西伯利亚以及蒙古等地的冷高压区。北半球进入冬半年以来，停留在这些地区的空气团也变得越来越冷，越来越干，堆积得也越来越多，逐渐变成一个深厚、广阔的极冷气团。在有利的高空大气环流形势引导下，就会有一部分冷空气离开它的源地，大规模地向南暴发，形成寒潮。

造成灾害的主要原因是由于寒潮南下过程中发生大风、沙暴、暴冷和霜冻等天气现象。当寒潮前锋到达时，一般有 6 到 8 级偏北风，最大风速可达 12 级以上。天津市寒潮低温灾害通常发生始期在 10—11 月份，终期在 3—4 月份，可能发生期约 6 个月。寒潮带来暴冷和霜冻，特别是在晚秋及早春，天气突然变冷，引起连续阴雨和低温，对畜牧业危害极大。

寒潮对我国包括畜牧业在内的农业生产影响很大。在陆地上，其常把简陋的圈舍、房屋吹塌，树木吹断，农作物吹毁。寒潮对养殖场内外的交通、通信也都有影响，对养殖场正常的生产、生活危害很大。各畜种耐寒能力不尽相同，需要逐渐适应降温的过程。突然暴冷，尽管气温仍在零度以上，畜种也会受到冻害，幼崽冻死、冻伤的现象时有发生，如果气温降到零度以下引起霜和霜冻，对畜种危害更大。

2. 寒潮低温灾害对畜禽养殖的影响

寒潮低温灾害对畜禽养殖的影响是多方面、多层次的，既可直接造成畜禽伤亡，也可影响畜禽健康，造成生产性能下降等，寒潮低温衍生灾害还对畜禽养殖有更大的影响。

（1）畜禽伤亡

1）冻害伤亡。寒潮天气的一个明显特点是剧烈降温，并通常伴有大风、降雪等天气，加之冬季畜禽免疫力较低，剧烈的降温可直接将其冻死，尤其是保护措施不足的幼崽等。

2）应激伤亡。剧烈的降温和伴随的大风、降雪作为环境应激因素易引起畜禽体内生理异常变化，从而造成强烈的应激反应。畜禽产生应激反应后惊厥，易发生撞击、挤压、踩踏等行为，引起伤亡，对温度敏感的畜种可因应激过度直接猝死。对温度敏感的家畜以及群养的家禽最容易发生这类现象。

3）意外伤亡。此类影响主要指寒潮低温导致的次生灾害引起的畜禽伤害现象，如建筑、棚舍等被强风吹倒造成畜禽被砸、压埋而伤亡。这类现象发生的概率一般较低。

（2）畜禽生产性能下降

畜禽生产性能下降是寒潮低温灾害影响的主要表现，即寒潮低温导致圈舍温度突变，畜禽不适应骤降的温度，温度的变化程度甚至超过畜禽自我调节能力，从而引起应激反应。另外，大风、降雪等天气可能会导致圈舍断电，突然断电的情况也可导致畜禽出现应激反应。上述情况会导致家禽产蛋率下降或停产，泌乳母畜母性减退，分娩母畜停止生产等临床表现，而且即使灾害过后，蛋鸭、蛋鸡等家禽也很难再恢复到受灾前的产蛋水平。

（3）畜禽健康水平降低

畜禽在受到寒潮低温应激之后，胸腺和淋巴结等重要免疫器官遭到破坏，导致糖皮质激素分泌过多，免疫细胞的活性降低，抗体生成减少，T细胞转化率降低，白细胞吞噬能力下降，淋巴细胞减少，进而导致畜禽内环境紊乱、消化系统屏障功能下降、机体免疫系统功能下降，甚至产生免疫抑制，加之冬季代谢较慢，许多疾病随之发生，引起畜禽健康水平降低。同时，寒潮低温带来的降雪、降霜等天气，易使饲草饲料结冰或霜冻，若畜禽误食，则会引发腹泻等消化类疾病，甚至导致其死亡。

（4）圈舍及设备受损

寒潮低温灾害到来时，常伴随着降雪、大风等天气，建设不牢固或者简易的圈舍会有倒塌的危险，尤其是圈舍屋面时常有因恶劣天气而受损、破损的情况，从而使畜禽暴露于恶劣天气下。由于寒潮会带来温度的骤降，畜禽养殖场的饮水饲喂系统、视频监控系统、环境控制系统以及生产、保育、育肥等多个环节的设备容易遭受低温灾害而受损，直接或间接导致生产管理混乱或无法生产。

（5）电力故障

寒潮低温灾害天气也严重威胁着电路的安全运行。畜禽养殖场无论场内还是场外，尤其是暴露在外的电力设备，遭受寒潮灾害天气的破坏易引发短路、线路受损等故障，从而造成不同范围、时间的停电，引发一系列连锁反应，造成照明、饮水、饲喂、通风、供暖等各个生产环节无法正常运行，对畜禽生产形成破坏性影响。

（6）其他衍生影响

由于寒潮发生过程还伴有大风、降雪、降霜等气象灾害，畜禽养殖场还可能面临大雪封路、饲草饲料结冰结霜、饮水受阻、车辆损坏、消毒药作用降低、环境污染等其他严重的灾害影响。

以上影响常常会引发一连串连锁反应以及叠加效应。寒潮来临，导致气温骤降，圈舍需要更多的能量来保持温度，但灾害天气时常会让电路受损，导致圈舍内无法加热，尤其在圈舍受损的情况下，温度下降更加剧烈。在短期无法供热的情况下，畜禽本需要增加饮食维持机体热量，但由于饲草料可能结冰结霜和饮水设备受损而造成饮水污染，反而不敢贸然饲喂。随着畜禽免疫力的下降，本应为圈舍消毒灭菌以减少感染，但低温天气尤其是结冰的情况下，消毒效果大大降低，进一步加大了畜禽患病的风险。圈舍、设备受损和饲草料供给不足，加上兽药等投入品储备不足，此时需要人员修复、更换设备，购买饲草料和投入品，但此时可能面临车辆受损和大雪封路，使情况变得更糟糕。

3. 畜禽养殖场寒潮低温灾害防御

人类无法阻止和控制寒潮低温灾害的发生，但可以通过有效措施消除灾害带来的隐患或减轻灾害损失。

（1）科学规划、布局养殖场

建设畜禽养殖场时，应科学选址，科学设计场内布局、结构。养殖场区尽量北高南低，略带坡度，圈舍应尽量选择地势高、干燥、背风向阳的地点，尽量躲避风口。养殖场通常分为生活区、管理区、辅助生产区、生产区、隔离区，根据地形地势和寒潮风向，养殖场应将生活区、管理区、辅助生产区布置在区内地势较高区，生产区位于中部，隔离区位于地势较低区。

（2）做好寒潮低温灾害信息监测

密切关注当地气象台站或应急管理部门发布的寒潮低温灾害信息，以及密切关注当地天气变化，及时与相关部门联系，以做好灾害信息监测和应急预案实施工作。

（3）做好圈舍加固工作，提高圈舍保温防寒水平

寒潮低温天气来临之前，要做好畜禽圈舍检修，对简易畜禽舍要采取加固措施，防止寒潮低温天气带来的大雪或大风造成圈舍倒塌，对存在安全隐患无法修复的圈舍要及时撤离存栏畜禽，防止圈舍倒塌压死畜禽。提高圈舍的保温性能，堵实畜禽舍可能的漏风部位，特别是西北侧的窗户和通风孔等敞开部分要用保温阻风的材料封堵严实，严防贼风侵入。

（4）做好水电及供暖设施、设备的维护

提前检查供电系统和供水系统，检修发电机组，及时更换老化的电线，以防电线短路导致火灾或停电。对暴露在外的供水管道要用保温材料包扎好，防止寒潮低温造成水管冻结或冻裂，影响畜禽饮水。调试好锅炉、空调、热风机、保温板、保温灯等供暖设备，发现隐患及时维修，确保寒潮低温来临时其运行正常。

（5）配备应急设备及物资

畜禽养殖场应配备照明、发电、供热、供水等应急设备，以及发电机燃料、供热原料、环境消毒药品、兽药、饲草料、干草、垫料、圈舍维修

等物资，以备应急使用，防止寒潮低温天气暴风雪引起交通不畅甚至完全阻断给养殖场的饲料和物资供应带来困难。

（6）做好饲料营养调控

在保障供应的饲料营养全面的前提下，为了应对寒冷袭击，应在畜禽日粮中多增加一些能量饲料（如玉米、油脂等），可在原有基础上增加10%~20%，以保证畜禽能量消耗，提高自身的御寒能力，从而提高畜禽机体的抵抗力。

（7）适当提高饲养密度

对于猪、牛、羊等群养畜禽，冬季低温条件下可适当提高饲养密度，以增加畜禽群体散热量，提高舍内温度。但饲养密度也不宜过大，以防畜禽之间发生打斗。

（8）调整放牧方式

对于舍外放牧的畜禽，寒潮低温天气应减少其外出活动时间，避免畜禽在舍外受寒挨冻。确需舍外放牧的，应选择在上午 11 时—下午 3 时之间，抓住晴好天气的中午，选择背风向阳的地方，让畜禽边采食边晒太阳，以减少其体热散失并增强体质。

4. 畜禽场寒潮低温灾害应急处置

发生寒潮低温灾害后，畜禽场工作人员应及时采取有效应对措施，以消除或减少灾害带来的损失。

（1）强化保温供暖措施

露天放养或在开放圈舍内饲养的畜禽，如肉牛、肉羊应尽快集中到坚实的、可抵御寒潮低温灾害天气的圈舍内；开放及半开放圈舍要用塑料薄膜、保温被进行封闭，以提高舍内温度；将犊牛、仔猪、幼禽安置到有供暖设施的圈舍，并在产房、保育舍、犊牛舍、羔羊舍、育雏舍等开启供暖锅炉、红外线保温灯、保温板、暖风炉等设施进行供暖，防止初生仔畜、幼禽受冻染病。没有供暖设施的，可在圈舍内生火取暖，但要注意做好火灾和一氧化碳中毒的预防工作。

（2）修复损毁的设施设备

对因积雪、大风损毁的圈舍、屋顶、门窗等饲养设施，要采取生产自救措施，尽快修复。

对于受到破坏的供电设备设施，要及时启动备用电源，以保证供暖设备正常运行，同时组织力量抢修供电设施，恢复各种设备正常运转。

对于因低温冻结、冻裂的供水管线，要及时疏通、更新供水管线，保障畜禽饮水需求。

（3）调整日粮标准和饲喂方式

适当增加饲料能量，可在原饲料基础上增加 10%~20% 能量饲料或添加适量油脂，并增加饲喂次数和饲喂量。家禽、育肥猪、哺乳母猪等畜禽应充分供料，让其自由采食；妊娠母猪、牛、羊应根据背膘厚度或体重适当增加饲料供给量，一般比平时可提高 20%，待气温回升后再逐渐恢复到原来的喂料水平。

（4）饲喂热水和热粥料

寒潮低温天气尽量不让畜禽饮冷水、雪水、冰冻水，尽量让其饮温水，最低温度不低于 10 ℃，适宜水温为 37 ℃。对于仔猪，可以将全价料制成 38 ℃左右的热粥饲喂，或用热水拌料，湿度以手握成团、落地即散为宜，并即拌即喂，以满足畜禽营养需要，提高其机体御寒能力。

（5）处理好保温与通风的关系

在防寒保暖的同时，应注意畜禽舍适时通风换气，保持畜禽舍空气新鲜，防止舍内空气中的氨气、硫化氢等有毒有害气体浓度和粉尘含量超标以及舍内过于潮湿，以降低呼吸道疾病的发生。

对于装备通风和供暖设备的畜禽舍，每天还应保持正常的通风换气，具体时间间隔根据舍内畜禽密度和实际情况而定，通风换气时间不宜过长，每次 5~10 min；对于没有通风设备的畜禽舍，每天也应定期开启朝南向的窗户予以通风换气（切忌窗户对开），适宜选择在中午气温相对高的时候进行，以保持舍温和舍内空气新鲜度的平衡。

在通风换气之前和换气的过程中，应加温提高舍内温度，以保障舍内温度不会因为通风而大幅下降，在保证舍内温度适宜的前提下达到通风换气的目的。

（6）加强圈舍日常管理

及时清除畜禽舍内的粪便等污物，注意保持畜禽舍内的清洁和干燥，水槽加水切忌过多过满，严禁向舍内地面泼水。

对于有犊牛、羔羊或仔猪的简易畜禽舍，可在圈舍内铺上垫草，并做到勤换草、勤打扫、勤除粪，保持适中的饲养密度，保持空气流畅。

加强畜禽圈舍巡视，发现畜禽因低温寒冷出现挤压、扎堆等现象及时处理。发现畜禽因寒潮低温灾害而死亡时，按照病死畜禽无害化处理要求规范处理。

（7）做好疫病防控工作

1）突然降温，畜禽会产生很大的应激反应，应在饲料或饮水中添加电解多维、黄芪多糖等抗应激和提高抵抗力的药物，以缓解应激。

2）要做好禽流感、新城疫、猪瘟、蓝耳病和猪流行性腹泻等寒冷季节易发疾病的免疫预防工作，按照制定的免疫程序严格做好畜禽的免疫接种和免疫抗体监测，对抗体水平不合格、超过免疫保护期、新补栏的畜禽应及时进行补免。

3）寒潮低温天气时由于圈舍密闭，舍内空气污浊，容易导致家禽、生猪、羊等畜禽呼吸道病的发生，因此可在饲料或饮水中适量添加广谱抗生素，以预防细菌性呼吸道和消化道疾病的发生。

4）要强化环境消毒，定期开展清洁及消毒工作，保证畜禽生物安全，同时要注意防止因消毒导致环境过于潮湿或结冰。

1.3.4　大风灾害应急处置措施

1. 大风灾害概述

风是地球上的一种空气流动现象，一般是由太阳辐射热引起的。空气在单位时间内移动的水平距离称风速，以 m/s 为单位。风吹到物体上所表现出的力量的大小称风力，一般人们根据风吹到地面或水面的物体上所产生的各种现象，把风力的大小分为 18 个等级，最小是 0 级，最大为 17级。发布天气预报时，大都用的是风力等级。

气象学上定义瞬时风速达 17.2 m/s（目测风力达 8 级）以上为灾害性大风，此时人迎风行走困难，树的细枝可折断。大风灾害是较常见的气象灾害之一，通常是突发性的，往往很短时间就会对人类生产、生活造成较大伤害，风速越快、风力等级越高，破坏性越强。大风会引发农作物和树木倒伏、折断、落粒、落果等机械伤害并传播植物病虫害；造成建筑物倒塌，将车船吹翻、电杆折断等；长时间大风还会刮蚀地表，造成土壤风蚀沙化等。一般风力达 7 级时就有摧毁农作物和农业设施的危险，风力达 9级时可破坏建筑物。大风还常常引起风暴潮、沙尘暴，助长火灾等。

大风主要有冷空气大风、台风、雷雨大风、龙卷风等几种形式。雷雨大风是指雷雨时伴随的阵性强风。雷雨大风的持续时间不长，发生时，乌云滚滚，电闪雷鸣，狂风夹伴强降水，有时伴有冰雹，风速极大，常将大树刮断、电线吹断、广告牌吹落、农作物吹毁等。龙卷风是一种与强对流云相伴出现的具有垂直轴心的小范围强烈涡旋，有很强的风速，最高可达200 m/s。其发生的虽然范围小，但破坏力惊人，所经之处土石、断木横飞，对建筑、车船、树木等均可造成严重破坏，同时还会造成人员、畜禽伤亡。

当 24 h 内可能受大风影响，平均风力可达 6 级以上，或者阵风 7 级以上；或者已经受大风影响，平均风力为 6~7 级，或者阵风 7~8 级并可能持续，气象部门就要发布大风预警信号，按出现时间迟早和风力大小，台风除外的大风预警信号分为 4 级，分别以蓝色、黄色、橙色、红色表示。

天津地区大风的季节特征明显，春季大风日最多，冬季次之，秋季、夏季大风日依次减少。从地域看，塘沽大风日最多，蓟州最少，显示出大风分布沿海多于内陆、平原多于山区的显著地域差异。天津地区大风以冷空气大风最为常见，雷雨大风、龙卷风较少。大风给天津地区带来的次生气象灾害是沙尘暴和风暴潮。沙尘暴是由于强风吹起地面沙尘，使空气浑浊、水平能见度小于 1 km 的天气现象，是干旱和荒漠化的表现。蒙古高原和黄土高原是天津地区沙尘天气的主要来源，沙尘暴主要发生在春季，其次是冬季和初夏。风暴潮也称气象海啸或风暴海啸，是指由于大风和伴随大风的台风或强低压系统引起的气压骤变所导致的海水异常升降，海潮大大地超过平常潮位的现象，造成沿海生产生活设施被浸泡或冲毁。天津地区风暴潮主要由台风导致，多发生在夏季，据张琪等研究，近 30 年来台风导致的天津沿海风暴潮过程共有 7 次，其中 5 次发生在 8 月份。台风对天津地区的影响除引发风暴潮外，还常造成大风和大雨过程。

2. 大风灾害对畜禽养殖的影响

（1）造成畜禽冷害或冻害

体感温度与天气预报所报的气温是不同的概念，天气预报的气温是在离地面 1.5 m 高的百叶箱中测得的，而在相同气温条件下，动物会因风速、湿度、太阳辐射等环境因素产生不同的冷暖感受。风速影响畜禽与环境间的对流热交换和蒸发散热，风速愈大，对流散热量和蒸发散热量愈大。大风能显著提高低温、高湿空气中的散热量，给畜禽造成冷凉的环境，这也是圈舍"湿帘＋风机"降温模式技术原理所在。因此发生在冬春季的大风天气，如果管理不善很容易造成畜禽冷害或冻害，如因圈舍失温过快或动物体感温度低，引起畜禽扎堆叠压，造成踩踏死亡；引起冷应激，畜禽抗病力下降，诱发畜禽特别是幼龄畜禽发生各类疾病；引发畜禽采食、饮水量减少，造成畜禽生产性能下降等。

（2）影响放牧及室外散养

大风轻则降低土壤墒情，影响草场返青，重则吹蚀草场，使飞沙掩埋牧草，加速草原沙化进程，所以大风对牧草的生长破坏性很强。3级以下微风环境适宜畜禽放牧，夏季高温季节畜禽可适应4~5级风，冬季当风力达到6级以上时，即使牛羊等家畜也不宜放牧或室外散养。这会一方面影响家畜采食，造成其不果腹，影响发育和膘情。另一方面如果大风结合雨雪天气造成强降温，可直接造成处在室外环境下的初生幼畜或剪毛期家畜因冻伤亡，还有可能出现畜禽离群走失的严重情况。

（3）破坏饲养设施设备

大风灾害可对养殖场设备设施造成严重破坏，引发断水断电、设备损坏甚至圈舍倒塌，从而影响畜禽养殖正常生产。当气象台发布大风蓝色预警信号，平均风力达6~7级时，围板、圈舍、悬挂物、饲草遮盖物等易被吹动的搭建物就有可能被吹落、吹走。风力达到烈风9级，风速达到20.8 m/s以上时，树木粗干可折断，建筑物烟囱和瓦片可发生移动、损毁，电线可被吹落、吹断，未加固的饲草饲料会被大风卷走，未紧闭的门窗可能损毁；风力达到狂风10级，风速达到24.5 m/s以上时，可见树木拔起，建筑物屋顶被掀翻，墙壁倒塌，电线杆折断，车辆被吹倒。倒塌的房屋、倾倒的设施、脱落的重物还可造成畜禽直接伤亡。

（4）引发环境污染

大风天气加速病原体传播，造成畜禽疫病流行，导致畜禽死亡。特别是沙尘暴可裹挟大量细菌、病毒及寄生虫，可造成养殖环境的大面积严重污染，并直接加重畜禽呼吸道病的发生。如果大风引发雨雪天气、风暴潮等次生气象灾害，还可引起雨涝、内涝或潮水浸泡，在深度污染环境的同时，造成饲料、饲草受潮、浸泡和霉变，交通受阻，无法正常生产，乃至畜禽直接溺亡等严重事故发生。

（5）引发火灾

火灾发生需要满足可燃物、助燃物、着火源3个条件。而一旦满足了

3个条件，大风便是助长火势的重要因素。每当大风刮起时，火灾发生的次数就会明显增加。研究表明，当干柴中水分含量小于20%时，不易被点燃；当干柴中水分含量小于13%时容易被点燃。春季风力大，风吹时间长，风吹物燥，大量可燃物非常干燥，遇火迅速燃烧。风不仅能把物品吹干，有助于燃烧，而且在火灾发生后，还能使火源得到充分的氧气供应，加速燃烧。风还会把已燃烧物体刮到其他可燃物所在范围，使火灾迅速扩大。畜禽圈舍一般耐火等级低，在大风条件下，一旦发生火灾，往往会迅速蔓延，造成巨大损失。

3. 大风灾害防御

畜禽养殖场在面对大风灾害时应做好以下防御。

1）密切关注大风预报，做好防风准备。

2）根据大风强度预警，提前对畜禽圈舍进行安全检查，对危旧、简易棚舍要及时加固。

3）根据圈舍情况，做好圈舍坍塌后畜禽转移所需设备、设施准备。

4）使放养的畜禽及时回归圈栏。

5）要采购和储存充足的饲料、常规兽药和照明设备。

6）备好消毒液和喷洒机械，以预防灾后疫病，保证生产。

7）当大风来临前，随时注意关好圈舍门窗。对迎风面之门窗应加装防风板，避免强风席卷沙石击碎玻璃伤及畜禽。

8）及时清理畜禽场中的可燃物品，检查电力设施、设备和电器，注意炉火、煤气、液化气安全，以防火灾。遇有火情，及时拨打119报警。

4. 大风灾害应急处置

（1）修复圈舍

强风过后，养殖场的圈舍都会受到不同程度的损坏，严重的甚至倒塌，因此灾后要马上巡视圈舍，对被大风损害的设备和存在安全隐患的设备及时处理，做好药物预防和保健消毒工作，避免发生二次损失。要及时修复被大风损害的圈舍，避免贼风和寒气进入圈舍对畜禽造成危害；减少环境应激因素，确保大风过后畜禽饮食、生活的舒适性。同时还要确保养殖场道路通畅，保证紧急物资能够顺畅地运输。

（2）检查水电

大风过后养殖场最需要的就是清洁的水源和电能，因此，大风过后要第一时间检查养殖场水源清洁情况，检查养殖场供电线路是否受到损坏，并与动物防疫、电力和供水等部门做好密切联系。当养殖场的水电出现问题后要及时找人处理，确保养殖场第一时间恢复水电供给。

（3）做好卫生和消毒工作

在圈舍消毒前，应先进行彻底的机械性清扫，清除大风带来的有机杂物，充分发挥消毒药的作用。根据不同情况选择不同的消毒药、消毒方式。对环境和物体的消毒，可选用有机氯、福尔马林、苛性钠、高锰酸钾等制剂；对畜禽活体消毒，可选用过氧乙酸、有机氯制剂、碘制剂等对畜禽体刺激性小的消毒剂。饮用水可用漂白粉、氯制剂等消毒。大风灾害后是特别时期，要增加消毒频率，通常2~3 d消毒一次，并持续消毒3周以上。

（4）调整饲料配方

灾后，大部分畜禽抵抗能力下降，容易受到疫病的侵袭。可在畜禽饲料中适当添加广谱抗生素（如长效土霉素）和复合维生素等，以提高畜禽的抗病能力和防应激能力。饲料种类要尽可能多样化，水拌料要用清洁的饮水。提高饲料能量水平，在保持蛋白质水平不减的情况下适当增加能量。在饲料原料供应短缺时，可适当增加一些当地农副产品。

（5）加强疫病防控工作

由于大风肆虐、畜圈舍损毁等导致饲养环境发生巨大变化，畜禽会产生严重的应激反应，免疫力会普遍下降，极易感染疫病，临床上常继发感染细菌性腹泻、病毒性腹泻和呼吸道疾病。因此，须根据实际情况，调整免疫程序或加强免疫，尤其须提防口蹄疫、高致病性禽流感、新城疫、猪肺疫、肉毒梭菌病、大肠杆菌病等疫病。对于疫病预防应采取疫苗和兽药相结合的措施。

（6）隔离病弱畜禽，无害化处理死亡畜禽

灾后要及时巡查畜禽舍，加大巡查频率，观察畜禽群机体情况，发现异常现象应尽快采取有效措施。将发病的畜禽进行隔离并及时医治；对于幼畜和雏禽，要做好保暖措施，对体质较弱的畜禽，应进行特别饲养以助其恢复；对于死亡的畜禽要及时清除，采取焚烧或深埋等无害化处理方式，喷洒消毒药，防止畜禽尸体腐败，污染水体和周围环境；达到出栏标准的商品畜禽要尽快出栏，合理降低饲养密度。

1.3.5　雷电灾害应急处置措施

1. 雷电灾害概述

雷电是在雷暴天气条件下发生的伴有闪电和雷鸣的一种瞬态大电流、高电压、强电磁辐射的剧烈天气现象。雷电产生的高温、猛烈的冲击波以及强烈的电磁辐射等物理效应，使其能在瞬间释放巨大的破坏能量，常常能造成人畜伤亡，击毁建筑物、供配电系统、电子设备，引发火灾、爆炸、通信系统瘫痪等事故，甚至影响航空航天飞行安全，同时常挟带强风、暴雨，有时还伴有冰雹或龙卷风，从而造成综合灾害。

根据国家气象局官网公布的信息，雷电灾害是"联合国国际减灾十年"公布的 10 种最严重的自然灾害之一，也是目前中国十大自然灾害之一。全世界平均每分钟发生雷暴约 2 000 次，每年因雷击造成的人员伤亡超过一万人，每年因雷电灾害造成的直接经济损失达 20 亿美元以上。中国的雷电灾害也十分频繁，受灾率高，有21个省、区、市雷暴日在50 d以上，最多的可达134 d，造成的灾害十分严重。天津地区每年3—11月份都有可能发生雷暴天气，5—9月份多发，其中7月份雨季时雷暴天出现得最多。

2. 雷电灾害对畜禽养殖的影响

雷电灾害对畜禽养殖的影响是多方面、多层次的，既可直接造成畜禽伤亡，也可影响畜禽健康，造成生产性能下降，还可因雷电衍生灾害对畜禽养殖造成更大的影响。

（1）畜禽伤亡

1）雷击伤亡。雷暴的能量很大，千分之几到十分之几秒的雷电放出的功率可达到数十亿到上千亿瓦特，温度为1万~2万℃，产生的雷电流通过直接雷击、接触电压、旁侧闪击和跨步电压4种形式将人及动物击毙或击伤、灼伤。这也是雷电伤害案例的常见形式。

2）应激伤亡。剧烈的雷鸣和闪电可以给畜禽造成听觉和视觉方面巨大冲击，从而造成强烈的应激反应，可造成畜禽应激过度直接猝死，或畜禽惊厥后发生撞击、挤压、踩踏等行为引起伤亡。对闪光和巨响敏感的家畜以及群养的家禽最容易产生这类现象。

3）意外伤亡。此类影响主要指雷电导致的次生灾害引起的畜禽伤害现象，如树木、建筑、棚舍等遭雷击损毁后造成畜禽被砸、压埋而伤亡，雷电引发圈舍火灾导致畜禽灼烧、窒息造成伤亡等。这类现象发生的概率一般较低。

（2）畜禽生产性能下降

出现畜禽生产性能下降是雷电灾害常见的影响表现，主要是雷电导致畜禽应激引起。这会导致产蛋家禽产蛋率下降或停产，泌乳母畜母性减退，分娩母畜停止生产等临床表现。即使灾害过后，蛋鸭、蛋鸡等家禽也很难再恢复到雷电灾害发生前的产蛋水平。

（3）畜禽健康水平降低

畜禽在受到雷电高强度应激之后，肾上腺皮质激素分泌增加，胸腺和淋巴结等重要免疫器官受到破坏，体内的蛋白质、糖原和脂肪分解加强，导致畜禽内环境紊乱、消化系统屏障功能下降、机体免疫系统功能下降，许多疾病随之发生，引起畜禽健康水平降低。

（4）电子设备受损

雷电放电时，在附近导体上产生的静电感应和电磁感应形成的强大瞬间电磁场对附近电气设备特别是电视机、电脑、通信设备、办公设备、发情鉴定系统、营养调控系统等微电子设备的破坏严重，这是雷电造成的最主要灾害。目前，畜禽养殖场在智能饲喂、视频监控、环境控制以及孵化、泌乳、分群、繁殖、饲料生产等多个生产环节投入越来越多的电子设备，它们遭受雷电灾害后将直接导致生产管理混乱或无法生产。

（5）电力故障

雷电也严重威胁电网安全运行，在我国，输电系统因雷击跳闸数占总跳闸数的 50% 以上。畜禽养殖场无论场内还是场外电力设备遭受雷电破坏，都会造成不同范围、时间的停电，引发一系列连锁反应，造成照明、饮水、饲喂、通风、降温等各个生产环节无法正常运行，对畜禽生产形成破坏性影响。

（6）衍生其他灾害

如果雷电发生过程还伴有暴雨、强风、冰雹或龙卷风等其他气象灾害，畜禽养殖场还可能造成畜禽溺亡、圈舍受损、饲草饲料浸泡发霉、环境污染等其他更严重的灾害影响。

3. 畜禽场雷电灾害防御

人类无法阻止和控制雷电的发生，但可以通过有效措施消除雷电灾害的发生或减轻雷电灾害损失。

（1）科学规范安装、维护避雷设备

畜禽养殖场建设时，应避开潮湿地区和孤立的高岗地带。

科学设计避雷方案，在房屋尖顶、屋脊、烟囱、通风管道、平顶屋边缘等易遭受雷击之处，以及发电机房、配电室、水处理机房、孵化厅、挤奶厅等关键设施处安装避雷设施，对圈舍内外围栏等金属构件做接地处理。

对雷电防御装置进行经常性的维护、保养，每年委托具有相应资质的检测机构对雷电防御装置实施定期安全检测，并接受当地气象主管机构和当地人民政府安全生产管理部门的管理和监督检查。

（2）做好雷电灾害信息监测

安排人员值守，密切关注当地气象台站或应急管理部门发布的雷电灾害信息，密切关注当地天气变化，以做好雷电灾害信息监测和应急预案实施工作。

雷电全天任何时候都可出现，午后发生雷电次数多一些，狂风、暴雨和乌云覆盖是云地闪电即将来临的征兆。可通过闪电与雷声之间的时间间隔判断雷暴距离，如果时间间隔 5 s，表示雷击发生在离自己约 1.5 km 的位置；时间间隔 1 s，说明雷击位置就在附近 300 m 处。

（3）配备应急设备设施

畜禽养殖场应配备照明、发电、排水等应急设备，以及发电机燃料、环境消毒药品、圈舍维修物资等，以备应急使用。

（4）其他

定期检查畜禽场供电线路、配电开关、漏电保护器等，对裸露线头、老化线路、损坏的开关、漏电保护器等及时进行维修处理。

雷电高发季节，可在畜禽饮水中加入复合维生素等抗应激药物，以减轻雷电灾害对畜禽的影响。

4. 畜禽场雷电灾害应急处置

收到雷电警报后，畜禽场工作人员应采取以下有效应对措施，以消除或减少雷电灾害带来的损失。

1）应将舍外空旷地带放养的畜禽集中到舍内，同时尽量让畜禽远离管网、铁丝网、电线等金属物品。

2）应密闭畜禽圈舍门窗，开通通风换气设备，打开舍内照明灯。配备遮阳帘或遮阳罩的圈舍应全部放下遮阳设施，避免畜禽看到舍外情景。

3）停止喷淋、冲洗等用水用电作业，工作人员不得使用喷头洗澡，切忌使用太阳能热水器。

4）尽可能地关闭各类电器，并拔掉电源插头。

5）雷电交加时，工作人员勿打手机或有线电话，不使用带有外接天线的收音机和电视机等电器。

6）工作人员及畜禽不得靠近孤立的高楼、电线杆、烟囱、房檐等处，避免接近开阔地带的大树、金属车辆，以及开阔地单独的屋棚或其他小建筑。

7）工作人员室外作业时不得赤脚在泥地或水泥地上站立或行走，不得打伞或高举物品，应穿上防护靴及塑料或橡胶雨具，两人以上行走时相互之间要保持一定的距离。

8）户外高压线遭雷击断裂，附近人员不得跑动，应双脚并拢跳离现场。

9）发生人员雷击伤亡、畜禽大量死亡、高压线等电力设施遭雷击破坏、圈舍遭雷击发生火灾等重大灾情情况，应及时向当地气象局防雷机构和畜牧生产主管机构报告，并采取适当的抢险措施。

10）雷暴期间对畜禽圈舍特别是散养畜禽圈舍加强巡视，发现畜禽因应激出现挤压、扎堆现象应及时处理。

11）场外电源供给中断时，应尽快使用畜禽场备用电源，使各种设备恢复正常运转。

12）当畜禽场完全停电时，应快速打开所有半封闭或全封闭圈舍的门窗、通风口、遮阳帘进行自然通风。当因停电影响供水时应组织人工供水，满足畜禽饮水需求。

13）当发生暴雨、大风等并伴随气象灾害产生圈舍损毁、圈舍浸泡等衍生灾害时，应采取适宜对策进行修复处置和生产自救。

14）当雷暴灾害造成畜禽死亡时，按照病死畜禽无害化处理要求规范处理尸体。

参考文献

[1] 张琪,牛福新,叶风娟,等. 近30年影响天津的台风风暴潮分析[J]. 天津航海,2019(3):64-66.

[2] 姜秀鹏,王暖强,刘明瑛. 浅谈冬季生猪饲养管理[J]. 中国畜禽种业,2010（ 12):88.

[3] 彭福刚,孙金艳,李忠秋,等. 低温环境下免疫应答对民猪血清激素水平的影响[J]. 黑龙江畜牧兽医,2018(5):50-52.

[4] 于潇滢. 环境温度对生长猪生长性能、养分消化及能量代谢的影响[D]. 长春:吉林农业大学,2017.

[5] 白琳,栾冬梅. 冷应激对奶牛生理机能和生产性能的影响[J]. 黑龙江畜牧兽医,2015(7):46-47.

[6] 李胜利. 寒潮暴雪天气奶牛饲养管理技术[J]. 北方牧业,2010(2):22.

[7] 胡玉洁. 浅谈冬季生猪饲养管理技术策略[J]. 中国畜牧兽医文摘,2017(7):107.

[8] 吴亚聪. 冬季生猪饲养管理技术要点[J]. 中国畜禽种业,2015,11(3):82.

[9] 段宝玲. 寒潮来袭,打好肉鸡健康养殖保卫战[J]. 农村实用技术，2016，(11):40-41.

[10] 侯引绪,严宝英,王海丽,等. 奶牛场应对持续低温灾害的专业技术预案[J]. 中国奶牛,2015(10):61-63.

第 2 章

突发畜禽疾病应急管理

Chapter 2

2

2.1　畜禽疾病病种病因分类

　　畜禽疾病是影响畜牧业健康发展的主要因素，作为畜牧养殖人员要应对各种不同类型的患病动物。为了及时有效地控制和消灭突发畜禽疾病，减轻突发疫病对畜牧业及其相关产品和社会公共卫生造成的损害，保障养殖场的切身利益，对各类突发的常见畜禽疾病作出准确诊断并进行及时有效的应急处置就十分重要。这里我们将畜禽疾病分为：重大动物疫病、常见家畜急性内科疾病、常见畜禽外科疾病、常见畜禽中毒和常见畜禽应激综合征几大类。

2.1.1　重大动物疫病

　　重大动物疫病是指发病率或者死亡率高，传播迅速，给养殖业生产安全造成严重威胁、危害，以及可能对公众身体健康与生命安全造成危害的动物疫病。

1. 一类疫病

　　一类疫病是指对人与动物危害严重，需要采取紧急、严格的强制预防、控制、扑灭等措施的疫病。

　　养殖场常见的畜禽一类疫病主要包括：口蹄疫（牛、羊、猪）、猪瘟、非洲猪瘟、高致病性猪蓝耳病、牛传染性胸膜肺炎、蓝舌病（羊）、小反刍兽疫、绵羊痘和山羊痘、高致病性禽流感、新城疫等。

2. 二类疫病

二类疫病是指可能造成重大经济损失，需要采取严格控制、扑灭等措施，防止扩散的疫病。

养殖场常见的畜禽二类疫病主要包括如下几种。

多种动物共患病：狂犬病、布鲁氏菌病、炭疽、伪狂犬病、魏氏梭菌病、副结核病、弓形虫病等。

牛病：牛结核病、牛传染性鼻气管炎、牛恶性卡他热、牛白血病、牛出血性败血病等。

绵羊和山羊病：山羊关节炎脑炎、梅迪－维斯纳病等。

猪病：猪繁殖与呼吸综合征、猪乙型脑炎、猪细小病毒病、猪丹毒、猪肺疫、猪链球菌病、猪传染性萎缩性鼻炎、猪支原体肺炎、猪囊尾蚴病、猪圆环病毒病、副猪嗜血杆菌病等。

马病：马传染性贫血等。

禽病：鸡传染性喉气管炎、鸡传染性支气管炎、传染性法氏囊病、马立克氏病、产蛋下降综合征、禽白血病、禽痘、鸭瘟、鸭病毒性肝炎、小鹅瘟、禽霍乱、鸡白痢、禽伤寒、鸡球虫病、低致病性禽流感、禽网状内皮组织增殖症。

3. 三类疫病

三类疫病是指常见多发、可能造成重大经济损失，需要控制和净化的疫病。

养殖场常见的畜禽疫病主要包括如下几种。

多种动物共患病：大肠杆菌病、李氏杆菌病、类鼻疽、放线菌病、肝片吸虫病、丝虫病、附红细胞体病等。

牛病：牛流行热、牛病毒性腹泻／黏膜病、牛生殖器弯曲杆菌病、毛滴虫病、牛皮蝇蛆病等。

绵羊和山羊病：肺腺瘤病、传染性脓疱、羊肠毒血症、干酪性淋巴结炎、绵羊疥癣、绵羊地方性流产等。

马病：马流行性感冒、马腺疫、马鼻腔肺炎、溃疡性淋巴管炎、马媾疫等。

猪病：猪传染性胃肠炎、猪流行性感冒、猪副伤寒、猪密螺旋体痢疾等。

禽病：鸡病毒性关节炎、禽传染性脑脊髓炎、传染性鼻炎、禽结核病等。

畜禽重大动物疫病通常是由病毒或细菌等特定病原体急性传播引起的。

2.1.2　常见家畜急性内科疾病

家畜内科病包括消化系统、呼吸系统、心血管系统、神经系统和泌尿系统以及血液和造血器官、内分泌腺、遗传及生态失调等方面的疾病。

常见家畜急性内科病以消化系统的发病率最高，如反刍动物前胃弛缓、瘤胃臌气、急性胃肠炎等。其他各系统中也都有一些重点病，如呼吸系统病中的急性支气管炎、创伤引起的急性出血性贫血、泌尿系统病中的急性肾炎等。

家畜内科病的发病原因与饲养、管理和内外环境因素的变化有密切关系，其中以饲料和饲养条件因素最重要。消化紊乱和异常（如牛的前胃疾病、马的腹痛等）都与饲料质量不良及饲养方法不当直接关联。环境气候变化及空气尘土污染常是呼吸系统疾病的诱发因素。心血管系统疾病如心力衰竭等多是使役不当的后果。泌尿系统疾病则多与母畜尿路感染及有毒物质中毒有关。此外，家畜亲代的体格缺陷、免疫功能不全以及过敏性等也可通过遗传方式垂直传递给后代。这些由直接因素所致的内科病可归类为原发性内科病。所谓继发性内科病是在其他疾病的基础上发生的，其中包括传染病、寄生虫病、外科病和产科病。如家畜沙门氏菌病及大肠杆菌病所致的胃肠炎和腹泻，牛胎生网尾线虫侵袭及猪后圆线虫侵袭所致的支气管炎和呼吸困难，颅骨骨折继发脑膜炎和胎衣不下继发尿路感染等。原发性和继发性内科病的鉴别对于畜禽疾病的诊断和防治具有重要意义。

2.1.3　常见畜禽外科疾病

外伤是畜禽外科疾病最常见的类型之一。畜禽可能会因为转栏合群、争抢领地、争夺食物等原因发生激烈的打斗；因遗传因素及个体差异、环境应激因素、饲料调制不当和饲养管理水平低下，或因患体外寄生虫病后，由于瘙痒在墙壁和栏杆上摩擦，引起皮肤破溃，均能造成动物身体创伤。常见的有猪咬尾症、鸡啄癖等。

其他畜禽常见外科疾病包括多由钝性外力直接作用于机体而引起的挫伤，由于转运、打击、跳跃、失足踏空滑倒等造成的骨折，由高温引起的烧伤，由低温引起的冻伤和由雷击、触电引起的电击性损伤等。

2.1.4　常见畜禽中毒

畜禽中毒是指某种外界的毒物进入动物机体后，引起相应的病理变化甚至危害动物生命的病理过程。

1. 饲料毒物中毒

饲料毒物中毒主要包括硝酸盐和亚硝酸盐中毒、蓖麻毒素中毒以及霉菌毒素中毒。其中霉菌毒素中常见的有黄曲霉毒素、玉米赤霉烯酮 /F2 毒素、赭曲毒素、T2 毒素、呕吐毒素 / 脱氧雪腐镰刀菌烯醇、伏马毒素 / 烟曲霉毒素（包括伏马毒素 B1、B2、B3）等。

饲料中毒主要是由于饲料变质或饲喂不当造成的。猪表现为精神沉闷或食欲不振，随着时间发展，会出现贫血、腹水及出血性腹泻等。患鸡表现为呼吸困难、产蛋下降、精神萎靡及眼鼻流液、失明，甚至死亡。

2. 有毒有害气体中毒

畜禽舍产生的有毒有害等废气不能及时排出，可造成舍内畜禽有害有毒气体中毒。畜禽舍内的有毒有害气体主要有氨气、硫化氢、二氧化碳等，可使畜禽机体免疫力下降，畜禽发病，甚至死亡，给畜禽养殖业带来重大经济损失。

畜禽舍设计不合理，空间小，通风不畅，单位面积畜禽养殖数量过多，饲喂大量精料或块根类饲草，不能按时清理粪污，畜禽舍内消毒不彻底等是造成畜禽有毒有害气体中毒的主要因素。

3. 药物中毒

畜禽药物中毒主要包括氨基糖苷类药物中毒（如链霉素、庆大霉素、卡那霉素、庆大 - 小诺米星、阿米卡星等药物中毒）、磺胺类药物中毒、消毒药中毒（如含氯漂白剂、阳离子去污剂中毒等）。

药物中毒通常是由于抗生素类药物或消毒剂使用不当造成的。抗生素类药物中毒急性发作时畜禽主要表现为心力衰竭、胸部水肿、颈静脉怒张、腹水、呼吸困难等症状，合成抗生素药物对肝脏、肾脏损害尤为严重。消毒剂类中毒主要引起消化道、皮肤及眼睛的刺激和溃疡，以及明显的呼吸系统病变，包括气管炎、肺泡炎、肺水肿等。

2.1.5 常见畜禽应激综合征

应激反应是机体适应、保护机制的重要组成部分，但超过一定限度会引起应激源疾病。

1. 免疫应激

免疫应激是畜禽为了保护机体免受病原体侵害、提高机体免疫而进行免疫接种的一种应激。

由于畜禽品种、个体体质差异以及疫苗种类等诸多因素，畜禽免疫接种后应激反应时有发生。在应激状态下由肾上腺皮质束状带分泌的皮质醇和皮质酮对免疫系统有很广的作用，当畜禽处于免疫状态时，皮质酮含量就会增加，血浆内皮质酮水平越高，免疫抑制就越明显。虽然免疫抑制能保护机体免受更加严重的损害，但是却降低了机体对病原菌的免疫力和抵抗力，易感染疾病。

2. 转运应激

在运输过程中，恐惧与疼痛、饥渴、疲劳、通风不良、过度拥挤、长时间的旅程等因素会引发动物发生应激反应。

发生轻度应激反应，动物可表现为体重下降、脱水及对疾病的抵抗力降低，严重时可影响动物的健康，甚至导致动物在运输途中衰竭死亡。

3. 热应激

热应激常发生于炎热的夏季，以役畜和猪较多见，动物在烈日下长时间劳役、运动、受急剧驱赶或长期车船运输而又无防暑设备，圈舍内通风不良，舍内或运输中过度拥挤以及机体缺水，都可引起本病发生。

病畜表现为精神沉郁、出汗、四肢无力、站立不稳、喘气、流口水、极度口渴，体温升高至 41 ℃以上，有的出现神经症状、呼吸困难甚至突然死亡。

4. 冷应激

北方冬季气温往往过低，由于畜禽舍保温功能不良，温度过低造成畜禽气喘，被毛粗糙，免疫力下降，发病率和死亡率升高，尤其是对仔畜和雏禽造成的危害不容忽视。

2.2 畜禽疾病应急处置原则

2.2.1 重大动物疫病应急处置原则

重大动物疫病均为传染性疾病，在发病季节和发病年龄上有各自独特的流行特点。当养殖场发生畜禽传染病疑似症状时，应结合生产实践，从流行病学调查、临床诊断、病理解剖学诊断、微生物学检测、免疫学检测、分子生物学检测等方面来诊断病因，以确保疫病诊断的及时性和正确性。

发现动物染疫或疑似染疫时，养殖场应立即向所在地农业农村主管部门或者动物疫病预防控制机构报告，同时，配合完成以下应急处置措施。

1）查清疫情来源。

2）隔离和处理患病动物。

3）封锁疫点、疫区。

4）消毒。

5）配合疫控机构共同在现场完成流行病学调查、动物和人间疫情的处置工作。

6）解除封锁。

7）对受威胁区域易感动物开展紧急免疫接种。

畜禽传染病的流行是由传染源、传播途径和易感动物 3 个相互联系的环节而形成的一个复杂过程，因此，采取适当的措施来消除或切断 3 个环节的相互联系就可以使传染病的流行终止。

1）将某些已经罹患传染性疾病的畜禽和隐性感染畜禽群体单独隔离是有效切断传播途径的方法。

2）避免健康畜禽接触患病畜禽排出的各种污染物。

3）及时将养殖场的各种排泄污染物清除，强化卫生消毒，并进行无害化处理，以缩小传染病的污染范围，避免病原体扩散到更大范围。

2.2.2　常见家畜急性内科疾病应急处置原则

1. 对症处理

对于家畜的急性内科疾病应对症处理，如胃积食初期采取活胃按摩，中后期用缓而不泻的药物（油类或缓泻中药）进行疏导；胃停滞多用油类泻剂，肠道疾病多用盐类泻剂，体强者用竣下泻剂，体弱者及孕畜用缓泻剂，尽快排出代谢废物使胃肠机能恢复正常。

2. 适当使用药物，减少或避免继发感染

家畜内科病多数以炎症病理变化为主，还有部分继发炎症。若治疗时不注意消炎，就会事倍功半。

2.2.3 常见畜禽外科疾病应急处置原则

消除感染的病因，清除脓液、坏死组织，增强病畜禽的抗感染与修复能力是治疗外科感染的原则。

1. 及时清创

对创伤部位及时、彻底清理是预防创伤恶化的关键措施。

2. 局部治疗

（1）使受伤部位免于移动。制动可使创口得到休息，减轻疼痛，预防受伤动物休克，阻止感染的蔓延。

（2）对创伤处外用药以改善局部血液循环、散瘀消肿、加速感染局限化，促进肉芽生长。

（3）对创伤处进行手术治疗，如脓肿的切开引流，伴有严重中毒症状的感染部位的切开减压以及发炎脏器的切除。

3. 全身治疗

保证畜禽充分休息，缓解其疼痛、发热等症状；供给高热量、富含维生素的饮食，保证营养供给；对较重、范围较大或有扩展趋势的感染，使用抗菌药物，防止继发感染。

2.2.4 常见畜禽中毒应急处置原则

中毒病的机理虽各不相同，但治疗原则却基本一致。掌握中毒病的基本治疗原则并积极采取相应的治疗措施，即使当时当地的医疗条件无法满足治愈的需要，也可以尽最大可能缓解病情，为彻底治疗病畜（禽）赢得宝贵时间。

1. 脱离毒源

发现畜禽中毒后，应立即采取积极的应对措施，严格控制可疑的毒源，及时隔离中毒病畜并使其迅速远离有毒环境和有毒物质，防止畜禽继续接触或摄入有毒成分。

2. 排除毒物

根据动物中毒的临床表现、中毒的时间、毒物进入机体的途径（或摄入的方式）、有毒物质的性质和毒理、毒物对机体的损害程度、家畜的解剖生理特征等，采取相应的排毒方式。一般情况下，要按"催吐、洗胃、胃内解毒、泻下、利尿"的程序进行排毒。

3. 使用特异性解毒药

特异性解毒药是指对某些中毒病的治疗起特殊治疗效果的药物。治疗中毒病时应采取综合措施，包括毒物的清除、阻止毒物吸收、促进毒物排出及针对中毒症状而进行的对症治疗，而特异性解毒药主要是针对中毒的原因进行解毒的对因治疗药物。这类解毒药可特异性地对抗或阻断毒物的效应，而其本身并不具有与毒物相反的效应，如能及时应用，解毒效果好，在中毒的治疗中占有重要地位，其在使用时应注意如下几点。

1）对中毒的动物必须准确判断是何种毒物中毒。

2）对症、对因选择特异性解毒药。

3）要在中毒发生的早期使用解毒药。

4）严格按照说明书施行给药，给药途径要适当，用药剂量要测算准确。

4. 对症治疗

畜禽中毒时都会出现一些共有的症状，如精神沉郁、呼吸困难、腹痛、腹泻、流涎、颅脑水肿、严重脱水等，临床上应针对中毒症状采取必要的对症治疗措施，如强心、镇静、保肝、对抗酸中毒、补充体液、降低颅内压、缓解呼吸困难等。与此同时，还应注意保护肝脏，畜禽吸收的毒物在体内大多是通过肝脏代谢的，因此在强心补液、兴奋呼吸的同时，要增强畜禽肝脏的解毒功能，减少毒物对肝脏的毒害，应配合使用保肝药物，常用的药物是葡萄糖和维生素C。

5. 加强护理

对于中毒的畜禽及时投喂健胃剂以促进食欲、提高消化率；提供安静的环境条件，让病畜（禽）保持安静，减少不必要的体力消耗；注意圈舍保温防寒；充分供给畜禽富含维生素、糖分及蛋白质的鲜嫩青草、优质干草；保证足够的清洁饮水，铺以干净柔软的垫草，这些措施均有利于其早日康复。

2.2.5 常见畜禽应激综合征应急处置原则

1. 免疫应激处置原则

1）为了缓解免疫应激，应尽量减少致病原与动物接触的机会；加强饲养管理，做好疾病的防治和环境消毒工作，确保畜禽在免疫接种前健康无病，减轻对疫苗的应激反应。

2）通过营养调控，缓解动物的免疫应激反应。在饲料中添加黄芪多糖，可以提高动物抵抗力。

3）强化工作人员的免疫意识，规范操作流程，妥善运输和保管疫苗，保养好疫苗器械，消毒灭菌；免疫前做好充分准备，严格按免疫程序和疫苗使用说明进行操作；疫苗现配现用，正确注射，饮水免疫时控制动物在2 h 内饮用完毕。

4）免疫前进行动物抗体检测，确保最佳免疫日龄。当母源抗体水平较低或不整齐时，畜禽的免疫反应就表现得较为严重，可发生较长时间的应激反应。而母源抗体水平较高、整齐一致时，免疫应激较小，但是母源抗体高时，疫苗能中和母源抗体，不能产生足够的保护率，所以免疫前有必要进行抗体检测，以确保最佳免疫时机。

5）选择最佳免疫途径。相同的疫苗免疫途径不同，动物应激反应的大小也不同。

6）动物发生疫苗免疫应激后，应采取相应方法对症治疗，防止引起炎症反应。淘汰反应严重的畜禽，对其进行抗体检测，以确定是否需要重新免疫接种。

2. 转运应激处置原则

1）使畜禽服用耐运输应激的药物。为了预防畜禽运输应激综合征的发生，运输前可以对畜禽使用抗应激药物。这些药物有：①维生素类；②电解质类，如碳酸氢钠、碳酸氢钾、氯化钾、氯化钠等；③氨基酸类；④安定类药物。要根据运输的时间长短，计算好用药量，防止添加过量。

2）运输时间适宜。环境变化、两地气候条件有差异，常使畜禽的应激反应增强，因此长途运输畜禽时，特别是引种时，尽量减少运输途中的温度与畜禽饲养环境温度的差值。畜禽运输宜选择春秋两季、风和日丽的天气进行。冬夏两季进行畜禽运输时，要做好防寒、保暖、降暑等工作。

3）对运输车辆及人员的要求。畜禽运输要选择有经验的押车员，他们了解畜禽的习性，操作适度，可以降低畜禽的应激反应。途中尽量减少停车次数，如果必须停车，应减速后再停车，切记不要急刹车，在路沟、坑洼地带要小心慢行，缓缓减速，以免畜禽相互撞击。

3. 热应激处置原则

1）畜禽发生中暑后，首先应使其脱离热源环境，将畜禽转移到阴凉通风处。

2）畜禽中暑后应及时抢救，根据中暑症状，急救措施包括降温、镇静、强心等，主要是缓解其心肺功能。

4. 冷应激处置原则

1）环境保温。根据天气预报提前加装保温灯和地暖设施。

2）关注通风。当室温提高到高于畜禽所需温度 1~2 ℃时，打开排气扇通风换气，但不可使外界冷空气直接吹到畜禽体上，防止其感冒。

3）注重饲料与营养管理。冷应激下动物的采食量和营养需求增加，需求增加营养供给，采取自配料的猪场可以把饲料配方中的能量标准提高50~100 kcal、蛋白含量提高 0.5%，并添加一定的抗应激方面的微营养物质（如电解多维等），这样可以促使猪群高效应对外来应激。

4）给畜禽饮用温水，减少体热散失。冬季最好给畜禽饮用的温水，严禁用冰冻水喂畜禽。

2.3 畜禽疾病应急处置措施

2.3.1 重大动物疫病应急处置措施

1. 预防

（1）预防接种

预防接种是动物疫病综合防制的重要技术环节，对于预防病毒性动物传染病尤为重要。养殖场预防接种应做到有计划地进行，制订适合本养殖场的合理免疫程序。制订免疫程序的依据主要如下。

1）确定养殖场动物的发病史，依此确定疫苗免疫的种类和免疫时机。

2）确定养殖场原有免疫程序和免疫使用的疫苗种类，其是否能有效地防治动物传染病，若不能，则要改变免疫程序或疫苗。

3）做好母源抗体监测，确立首免日龄，避免母源抗体的干扰。

4）不同疫苗或同一疫苗使用不同的免疫途径可以获得截然不同的免疫效果。

5）对于一些受季节影响比较大的动物传染病，应随着季节变化确定免疫程序。

6）了解疫情，若有疫情存在，必要时应进行紧急预防接种，对于重大疫情，本场还没有的，也应考虑免疫接种，以防万一；对于烈性传染病，应考虑灭活疫苗与活疫苗兼用，同时了解灭活疫苗和活疫苗的优缺点及其相互关系，合理搭配使用。

7）选用的疫苗应是正规厂家生产的合法疫苗。

8）定期进行抗体血清学检测，对抗体水平不合格的畜禽及时进行补免（补充免疫）。

（2）药物预防

药物预防是动物群保健的一项重要技术措施，在饲料或饮水中加入适量的抗生素或保健添加剂等药物，不仅可以起到预防疫病的目的，而且可以提高饲料的利用率，促进动物生长，这也是遵循群防群治原则的重要措施。常用的添加剂药物有杆菌肽、泰乐菌素等。

（3）随时监测

建立疫情监测制度是及时发现、预防、控制动物疫病的重要技术手段。场内兽医人员应每天定时深入圈舍巡视，检查舍内外的卫生状况，观察动物的精神状态，及其运动、采食、饮水等是否正常，再结合饲养员的饲养记录，及时将有异常的动物挑出，隔离观察，进行确诊和处理。对于某些重大动物疫病如鸡新城疫、猪瘟等应用血清学方法进行定期疫情监测，以便检出病畜，掌握疫情动态。从场外引进的动物，要进行严格检疫，隔离观察20~30 d，确认无病后方可合群饲养。

当养殖场发现动物染疫或疑似染疫时，应及时按程序和要求向当地农业农村主管部门或动物疫病预防控制机构报告，包括疫病发生的时间、地点；染疫、疑似染疫动物的种类和数量、免疫情况、死亡数量、临床症状等；报告单位、负责人、报告人的联系方式。

由于动物疫病具有易传播、易扩散的特点，必须按"早、快、严、小"的原则迅速采取防控措施。在疫情报告的同时，应当采取将染疫、疑似染疫动物与其他动物隔离，对相关场所和设施设备消毒，不出售、转移场内动物等措施，防止疫情传播。同时，妥善保存病死动物，便于动物疫病防控机构检测诊断。

重大动物疫病得到认定后，养殖场应按照《中华人民共和国动物防疫法》的要求，配合当地政府和农业农村主管部门完成对疫点、疫区的封锁、隔离、扑杀、销毁、消毒、无害化处理、紧急免疫等措施。

2. 一类动物疫病应急处置

一类动物疫病是指口蹄疫、非洲猪瘟、高致病性禽流感等对人、动物构成严重危害，可能造成重大经济损失和社会影响，需要采取紧急、严厉的强制预防、控制等措施的疫病。

发生一类动物疫病后，如经省级（直辖市）农业农村主管部门认定为发生重大动物疫情，则按照重大动物疫情应急处置的相关规定开展应急处置。

（1）封锁

疫情发生所在地方人民政府在有关场所张贴封锁令，在疫区周围设置警示标志；组织农业农村部门、公安部门、卫生健康部门及有关单位和人员实施管制；在出入疫区的所有路口设置临时检查消毒站，根据控制动物疫病的需要对出入疫区的人员、运输工具及有关物品采取消毒和其他限制性措施。由于一类动物疫病严重危害养殖业发展和人体健康，为了防止疫病的传播，在疫区封锁期间，任何单位和个人不得将染疫、疑似染疫和易感染的动物、动物产品运出疫区，也不得将易感染动物调入疫区。

（2）隔离

发生一类动物疫病时的隔离，是指在疫区解除封锁前，禁止疫区内未被扑杀的易感染动物移动，不得与疫区外动物接触。隔离期间严禁无关人员、动物出入隔离场所，隔离场所的废弃物应当进行无害化处理，工作人员做好观察监测，加强保护措施。

（3）扑杀

扑杀是指采取注射、窒息、电击等方法人为致死动物。扑杀的范围依动物疫病的种类而异。通常情况下，对疫点内染疫动物、疑似染疫动物及易感染动物都要扑杀；对疫区内易感染动物，根据风险评估和流行病学调查情况确定是否扑杀；受威胁区的易感染动物一般不扑杀。具备条件的应对所有易感染动物进行紧急强制免疫，建立完善的免疫档案，加强疫病监测和免疫效果监测。

（4）销毁

销毁是指对与染疫动物相关的排泄物、垫料、包装物、容器、污水等污染物品和饲料等投入品进行焚烧、深埋等无害化处理，消灭或杀灭其中的病原体。销毁是消灭传染源、切断传播途径、防止动物疫病传播和蔓延的一项重要措施。销毁要严格按照技术操作规范进行，农业农村部门负责对销毁实施过程进行监督指导。

（5）消毒

消毒是指用物理、化学、生物的方法杀灭或消除染疫动物及环境中的病原体。消毒是使用最广泛、最简便、最经济的控制动物疫病传播、消灭动物疫病的方法。疫点、疫区的消毒可分为封锁期间消毒和终末消毒。封锁期间消毒是指发生一类动物疫病后到解除封锁期间，为了及时杀灭由传染源排出的病原体而进行的反复多次的消毒。消毒对象是所有与染疫动物、易感染动物接触过的动物圈舍、饲喂用具、场地和物品、运输工具以及动物的排泄物、分泌物等。终末消毒是在疫区解除封锁前对消毒对象进行的一次全面彻底消毒。对受威胁区的消毒是预防性的，旨在杀灭可能存在的病原体。

消毒时应做到消毒到位、不留死角、保证消毒次数；要注意选用有效的消毒药、适当的消毒药浓度，先后使用的消毒药不能产生拮抗、中和反应，生物学消毒还要注意密封等。

（6）无害化处理

无害化处理是指用物理、化学或生物学等方法处理带有或疑似带有病原体的动物尸体、动物产品或其他物品，达到消灭传染源、切断传播途径、阻止病原扩散的目的。目前，无害化处理主要使用深埋、焚烧、高温高压化制等方法。

（7）紧急免疫接种

紧急免疫接种是相对常规免疫接种而言的，是指发生动物疫病时进行的免疫接种。紧急免疫接种的对象是疫区内未被扑杀的易感染动物和受威胁区内的易感染动物。紧急免疫接种的目的在于提高易感染动物的免疫力，建立免疫屏障，防止动物疫病的传播和蔓延。实践证明，紧急免疫接种是行之有效的动物疫病控制措施。

（8）综合防制

疫情被认定后，应依法按照官方最新颁布的防制规范或技术方案，采取综合防治措施，控制疫情扩散，确保损失降到最低，防范公共卫生安全事件发生。

1）非洲猪瘟疫情按照《非洲猪瘟疫情应急实施方案》（2020年第二版）处置。

2）口蹄疫疫情按照《口蹄疫防控应急预案》处置。

3）高致病性猪蓝耳病疫情按照《高致病性猪蓝耳病防治技术规范》处置。

4）小反刍兽疫疫情按照《小反刍兽疫防控应急预案》处置。

5）绵羊痘/山羊痘疫情按照《绵羊痘/山羊痘防治技术规范》处置。

6）高致病性禽流感疫情按照《高致病性禽流感疫情应急实施方案（2020版）》处置。

7）新城疫疫情按照《新城疫防治技术规范》处置。

3. 二类动物疫病应急处置

二类动物疫病是指狂犬病、布鲁氏菌病等对人、动物构成严重危害，可能造成较大经济损失和社会影响，需要采取严格预防、控制等措施的疫病。

养殖场内发生疑似二类动物疫病时，养殖场应自主做好隔离、限制移动等措施，并按照当地政府和农业农村主管部门的要求采取进一步的应急处置措施。

（1）封锁

对二类动物疫病，一般不采取封锁疫区措施，但二类动物疫病呈爆发性流行时除外。接到报告的地方人民政府应当根据动物发病和死亡情况、流行趋势、危害程度等情况，决定是否组织农业农村部门、公安部门、卫生健康部门及有关单位和人员，对疫点、疫区和受威胁区的染疫动物及同群动物、疑似染疫动物、易感染动物采取隔离、扑杀、销毁、无害化处理、紧急免疫接种、限制易感染动物和动物产品及有关物品出入等控制措施。

（2）扑杀

发生二类动物疫病时，一般不采取扑杀措施，但是对农业农村部规定扑杀的，当地县级以上人民政府应当予以扑杀。对发生二类动物疫病时的隔离，与发生一类动物疫病时的隔离不同，是将未被扑杀的染疫动物、疑似染疫动物及其同群动物与其他动物分隔开，在相对独立的封闭场所进行饲养，并按照农业农村部发布的防治技术规范进行观察，必要时实施免疫接种，防止疫病扩散。

（3）人畜共患病的处理

如确诊为二类动物疫病中的人畜共患病，不论是否存在爆发流行趋势，均按照一类动物疫病对待，认定为发生重大动物疫情，并按照重大动物疫情应急处置的相关规定开展应急处置。

1）人员防护。养殖场突发人畜共患病，除做好畜禽的应急处置外，参加扑杀、处理病、死畜（禽）的工作人员必须严格按照相关防护指导原则采取特殊的防护措施进行个人防护。

2）突发人畜共患病疫情的养殖场，需组织有接触史的人员到传染病医院检测是否感染，如染病应立即治疗；高危人群需进行免疫接种或预防性服药。

二类动物疫病呈爆发性流行时，按照一类动物疫病处理。

4. 三类动物疫病应急处置

三类动物疫病是指大肠杆菌病、禽结核病等常见多发疫病，对人、动物构成危害，可能造成一定程度的经济损失和社会影响，需要及时预防、控制的疫病。

三类动物疫病发病过程一般较为缓慢，造成的经济损失和社会影响较小，畜禽发病后养殖者多采取预防与治疗相结合的措施控制疾病，对于无法治疗或治疗费用较高失去经济价值的病畜可采取扑杀、销毁措施。

三类动物疫病呈爆发性流行时，按照一类动物疫病处理。

5. 发生重大疫病后的消毒措施

（1）消毒剂的种类

1）高水平消毒剂。其杀菌谱广、消毒方法多样，包括含氯消毒剂、二氧化氯、过氧乙酸、甲醛、过硫酸氢钾等消毒剂及一些复配消毒剂。

2）中等水平消毒剂。其溶解度好，性质稳定，能长期贮存，但不能作灭菌剂，包括碘类（碘伏、碘酒）、酚类、醇类、双链季铵盐类等消毒剂。

3）低水平消毒剂。其性质稳定，能长期储存，无异味，无刺激性，但杀菌谱窄，对芽孢只有抑制作用，无显著杀灭作用，包括单链季铵盐类等消毒剂。

消毒剂的类别及毒副作用见表 2-1。

表 2-1　消毒剂的类别及毒副作用

类别	产品举例	毒副作用			推荐指数	
		人	畜	环境	推荐	慎用
含氯消毒剂	次氯酸、次氯酸钠、二氯异氰脲酸钠	刺激大（除次氯酸）	刺激大（除次氯酸）	易分解	√	
二氧化氯类	二氧化氯消毒剂	无毒，刺激小	无毒，刺激小	安全	√	
醛类	戊二醛、甲醛	致癌，刺激性强	致癌，刺激性强	水体污染大		√
酚类	甲基苯酚	低毒	低毒	水体污染小	√	
过硫酸氢钾类	过硫酸氢钾	刺激性低	刺激性低	易分解	√	
季铵盐类	苯扎溴铵、双癸甲溴铵	低毒、刺激小	低毒、刺激小	污染小	√	

（2）消毒对象和方法

1）室内空气。室内空气可用二氧化氯类、过氧乙酸类等消毒剂喷雾消毒。

2）地面、墙面。地面、墙面可用过氧乙酸、氢氧化钠类等消毒剂进行喷雾消毒，没有可燃物的地面和墙壁也可使用火焰消毒法。

3）物体表面及器具。耐高温物品、金属器具可采用火焰消毒法。耐高温、高湿的器具可煮沸消毒，煮沸时间应在 15 min 以上，也可用消毒剂进行浸泡消毒。料槽、水槽、饮水器以及所有饲喂用具用过氧乙酸、氯制剂等消毒剂喷洒、擦拭消毒，消毒后用清水冲洗。

4）工作服等纺织品。耐热、耐湿的纺织品可煮沸消毒 30 min，或用过氧乙酸、季铵盐类、碱类或氯制剂等消毒剂浸泡消毒 30 min；也可采取用过氧乙酸薰蒸消毒 1~2 h。

5）车辆消毒方法如下。

车内密闭空间：可用过氧乙酸进行熏蒸消毒 1 h，或用过氧乙酸溶胶喷雾消毒 1 h。

驾驶室的物品：可用季铵盐类、碱类、氯制剂或过氧乙酸进行浸泡消毒，作用 30 min。

车身消毒：可用氯制剂、过氧乙酸、新洁尔灭等喷洒消毒，自上而下，作用 60 min。

轮胎消毒：经场区消毒池缓缓消毒，消毒池消毒剂可选用浓度为 5%~8% 的氢氧化钠液。

6）人员消毒可采用季铵盐消毒液或浓度为 75% 的乙醇进行喷雾、淋浴消毒。

（3）消毒流程

1）清扫：对场区道路、环境等彻底清扫，对圈舍污物、粪便、饲料、垫料、垃圾等进行清理后，进行消毒。

2）场区环境消毒：对生活区（办公场所、宿舍、食堂等）的屋面、墙面、地面以及场区内的道路进行喷洒消毒。

3）圈舍消毒方法如下。

空舍消毒：对舍内地面、墙壁、门窗、屋顶、笼具、料槽等进行全面彻底的喷洒消毒，没有可燃物也可用火焰消毒；对舍内其他设施设备进行擦拭消毒；能够密闭的畜禽舍，可进行密闭熏蒸消毒。

带猪消毒：可用过氧乙酸、新洁尔灭等进行喷雾消毒，以均匀湿润墙壁、屋顶、地面为宜，尽量选在中午温度较高时进行，不得直接喷向生猪；免疫接种前后 2 d 不得带猪消毒。

带鸡消毒：消毒前 12 h 内，给鸡应用 0.1% 维生素 C 或电解多维可减少或避免应激反应；可用过氧乙酸、新洁尔灭等进行喷雾消毒，在距鸡只上方 70 cm 处喷雾消毒，使消毒液均匀落在鸡只体表、饲养用具、饮水用具及地面上。10 日龄以下的鸡舍不建议进行带鸡消毒。一般建议育雏期鸡舍消毒次数为 2 次 / 周，育成期鸡舍消毒次数为 1 次 / 周，成年鸡舍消毒次数为 2 次 / 周。当有疫情发生时，建议雏鸡舍消毒次数为 1 次 / 天，成鸡舍消毒次数为 1~2 次 / 天。

4）人员和车辆消毒：尽量避免外来人员和车辆入场，人员和车辆在场区内避免从高风险区到低风险区。

5）辅助单元消毒：对饲料仓库、污物处理设施、出猪台等进行喷洒消毒。

6）粪尿消毒：可采用堆粪发酵法。

7）污水消毒：将污水引入污水池集中收集后，加入含氯消毒剂或漂白粉进行消毒。

6. 几种重大动物疫病发病后的消毒及应急处置要点

（1）非洲猪瘟

消毒剂推荐种类与应用范围见表 2-2。

表 2-2　消毒剂推荐种类与应用范围

消毒剂应用范围		消毒剂推荐种类
道路、车辆	生产线道路、疫区及疫点道路	5% 氢氧化钠（火碱）、1% 氢氧化钙（生石灰）
	车辆及运输工具	酚类、戊二醛类、季铵盐类、复方含碘类（碘、磷酸、硫酸复合物）、过氧乙酸类
	大门口及更衣室消毒池、脚踏垫	1% 氢氧化钠（火碱）

消毒剂应用范围		消毒剂推荐种类
生产、加工区	畜舍建筑物、围栏、木质结构、水泥表面、地面	1%氢氧化钠(火碱)、酚类、戊二醛类、二氧化氯类、过氧乙酸类
	生产、加工设备及器具	季铵盐类、复方含碘类(碘、磷酸、硫酸复合物)、过硫酸氢钾类
	环境及空气消毒	过硫酸氢钾类、二氧化氯类、过氧乙酸类
	饮水消毒	季铵盐类、过硫酸氢钾类、二氧化氯类、含氯类
	人员皮肤消毒	含碘类
	衣、帽、鞋等可能被污染的物品	过硫酸氢钾类
办公、生活区	疫区范围内办公、饲养人员宿舍、公共食堂等场所	二氧化氯类、过硫酸氢钾类、含氯类
人员、衣物	隔离服、胶鞋等	过硫酸氢钾类

消毒方法如下。

1)对金属设施设备,可采用火焰、熏蒸和冲洗等方式消毒。

2)对圈舍、车辆、屠宰加工、贮藏等场所,可采用消毒液清洗、喷洒等方式消毒。

3)对养殖场的饲料、垫料,可采用堆积发酵或焚烧等方式处理,对粪便等污物做化学处理后采用深埋、堆积发酵或焚烧等方式处理。

4)对办公室、宿舍、食堂等场所,可采用喷洒方式消毒。

5)对消毒产生的污水应进行无害化处理。

人员及物品消毒方法如下。

1)饲养及管理人员可采取淋浴和更衣方式消毒。

2)对衣、帽、鞋等可能被污染的物品,可采取消毒液浸泡、高压灭菌等方式消毒。

消毒频率：疫点每天消毒 3~5 次，连续 7 d 之后每天消毒 1 次，持续消毒 21 d；疫区临时检查消毒站做好出入车辆、人员的消毒工作，直至解除封锁。

消毒效果评价：最后一次消毒后，针对金属设施设备、车辆、圈舍、屠宰加工和储藏场所，以及办公室、宿舍、食堂等场所，采集环境样品，进行非洲猪瘟病毒核酸检测。核酸检测结果为阴性，表明消毒效果合格；核酸检测结果为阳性，需要继续进行清洗消毒。

（2）炭疽

病死畜的处理：活畜应立即以不流血的方式宰杀，与死畜一起就地焚毁，不得解剖。

污染物消毒方法如下。

1）土壤：铲除表层带血的土壤，用 20% 漂白粉液以 1 000 mL/m³ 的浓度处理。

2）污染物表面：使用 5%~10% 优氯净或 2% 过氧乙酸消毒。

3）毛皮等：高压灭菌或密封后用环氧乙烷（浓度为 50 g/m³）处理。

4）排出物：用 20% 漂白粉处理。

5）污水：用有效氯（浓度为 200 mg/L）处理。

6）病房：用醛或过氧乙酸熏蒸。

消毒效果评价：进行三次病原细菌分离检测。

（3）小反刍兽疫

1）山羊绒及羊毛消毒。

山羊绒或羊毛可以采用下列程序之一灭活病毒。

a. 在 18 ℃储存 28 d，4 ℃储存 112 d，或 37 ℃储存 8 d。

b. 在一密封容器中用甲醛熏蒸消毒至少 24 h。具体方法是将高锰酸钾放入容器（不可为塑料或乙烯材料）中，再加入商品福尔马林进行消毒，比例为每立方米加 53 mL 福尔马林和 35 g 高锰酸钾。

c. 进行工业洗涤，如浸入水、肥皂水、苏打水或碳酸钾等溶液中水浴。

d. 用熟石灰或硫酸钠进行化学脱毛。

e. 浸泡在 60~70 ℃水溶性去污剂中进行工业性去污。

2）羊皮消毒。

a. 羊皮在含有 2% 碳酸钠的海盐中腌制至少 28 d。

b. 在一密闭空间内用甲醛熏蒸羊皮消毒至少 24 h。

3）羊乳消毒。

羊乳采用下列程序之一灭活病毒：

a. 进行两次高温短时巴氏消毒（72 ℃至少 15 s）。

b. 高温短时巴氏消毒与其他物理处理方法结合使用，如在 PH=6 的环境中维持至少 1 h。

c. 超高温消毒法（135~150℃，2-3 s）结合物理方法。

消毒药品种类如下。

碱类（碳酸钠、氢氧化钠）、氯化物和酚化合物适用于建筑物、木质结构、水泥表面、车辆和相关设施设备消毒。柠檬酸、酒精和碘化物（碘消灵）适用于人员消毒。

（4）口蹄疫

1）病畜舍的消毒如下。

a. 病畜舍清理前的消毒。在彻底清理被污染的病畜舍之前，须用 0.5% 的过氧乙酸等消毒剂对其进行喷雾消毒。

b. 病畜舍的清理。彻底将病畜舍内的粪便、垫草、垫料、剩革、剩料等各种污物清理干净。将可移动的设备和用具搬出畜舍，集中堆放到指定的地点进行清洗、消毒。

c. 火焰消毒。病畜舍经清扫后，用火焰喷射器对畜舍的墙裙、地面、用具等非易燃物品进行火焰消毒。

d. 冲洗病畜舍。经火焰消毒后，对其墙壁、地面、用具，特别是屋顶木梁、柁架等，用高压水枪进行冲刷，清洗干净。冲洗后的污水要收集到一起进行消毒，并做无害化处理。

e. 喷洒消毒。待病畜舍地面水干后，用消毒液对地面和墙壁等进行均匀、足量地喷雾或喷洒消毒。为使消毒更加彻底，首次消毒冲洗后间隔一定时间，进行第二次甚至第三次消毒。

f. 熏蒸消毒。病畜舍经喷洒消毒后，关闭门窗和风机，用福尔马林密闭熏蒸消毒 24 h 以上。

2）病畜舍外环境的消毒如下。

对疫点、疫区养殖场内病畜舍的外环境，先喷洒消毒剂，全面消毒后，彻底清理干净，再进行第二次消毒。

3）疫点、疫区交通道路、运输工具、出入人员的消毒如下。

a. 出入疫区的交通要道必须设立临时消毒站。

b. 疫区内所有运载工具应严格消毒。车辆内外及所有角落和缝隙都须用消毒剂全面消毒后，用清水冲洗干净，再进行第二次消毒，不留任何死角。

c. 对车辆上的物品必须进行严格消毒。

d. 从车辆上清理下来的垃圾、粪便等污物须经过彻底消毒。

e. 封锁期间，疫区道口消毒站必须对出入人员进行严格消毒。

4）低温条件下的消毒如下。

在低温条件下，用 33% 甲醇水溶液配制过氧乙酸可有效杀灭口蹄疫病毒，醇类不仅对过氧乙酸是一种增效剂，而且是一种抗冻剂。

5）主要动物产品的消毒如下。

a. 皮毛的消毒。对疫点、疫区内被污染或疑似被污染的皮毛，在解除封锁后，可通过环氧乙烷气体熏蒸消毒法进行消毒。

b. 冻肉等冷冻产品的消毒。对疫点、疫区内库存的健康冻肉等冷冻产品，在解除封锁后，进行不透水、不透气的密封包装，再用消毒剂对包装的外表面进行全面喷洒或喷雾消毒。

6）工作人员的消毒如下。

参加疫病防控工作的养殖场人员及其穿戴的工作服、帽、手套、胶靴、所用器械等均应进行消毒。消毒方法可采用浸泡、喷洒、洗涤等；工作人员的手及皮肤裸露部位也应清洗、消毒。

7）重新恢复饲养的消毒效果监测。在终末消毒后，试养 10 头左右口蹄疫易感动物（口蹄疫抗体阴性）作为"哨兵"动物，让"哨兵"动物进入养殖场的每座建筑物或动物饲养区。每日观察"哨兵"的临床症状，连续观察 28 d（等于两个潜伏期）。"哨兵"进入农场或在农场中最后移动达 28 d 后，采集血样，检测口蹄疫病毒抗体。若口蹄疫病毒抗体阴性，则表明消毒彻底、效果可靠。

对口蹄疫病毒不敏感的消毒剂如下。

醇类消毒剂如乙醇、甲醇、异丙醇等，常用于对其他微生物的消毒，但对口蹄疫病毒无杀灭作用，在口蹄疫消毒中忌用。季铵盐和酚类消毒剂对口蹄疫病毒杀灭效果较差，在口蹄疫消毒中慎用。

（5）布鲁氏杆菌病

1）洗手消毒。最常用的，也最普遍的消毒就是用肥皂水洗手，也可用来苏尔、新洁尔灭等。

2）皮毛消毒。皮毛可直接在日间阳光下晾晒 1~3 d。环氧乙烷消毒：常作熏蒸消毒，300~400 g/m³ 封闭空间，也可用钴 60 照射。

3）流产物消毒。对流产物消毒，有条件的采用高压消毒，如无高压设备可用化学消毒法，用 3% 来苏尔或 0.3% 新洁尔灭或 3% 漂白液浸泡 24 h 后处理。

4）畜圈、污染场地消毒。用 10% 石灰乳或 10% 漂白粉洒地，作用 12 h 后可达消毒目的。

5）实验室、车间、厂房内消毒。可用甲醛熏蒸，或用乳酸熏蒸，也可用来苏儿喷雾消毒。

（6）高致病性禽流感

禽流感病毒在外界环境中存活能力较差，对消毒剂及热都很敏感，因此只要消毒措施得当，消毒效果都比较理想。

1）消毒频率。疫区封锁期间，发生疫情的养禽场在进行疫情处置后，第一周每天消毒一次，以后每周消毒一次；解除封锁前必须再进行一次终末消毒。

2）病舍消毒。醛类消毒剂有甲醛、聚甲醛等，其中以甲醛的熏蒸消毒最为常用。密闭的圈舍可在密度为 7~21 g/m³ 的高锰酸钾中加入 14~42 mL 福尔马林进行熏蒸消毒。熏蒸消毒时，室温一般不应低于 15 ℃，相对湿度应为 60%，可先在容器中加入高锰酸钾后再加入福尔马林溶液，密闭门窗 7 h 以上便可达到消毒目的，然后敞开门窗通风换气，消除残余的气味。

3）场舍环境消毒。场环境采用下列消毒剂效果较好。含氯消毒剂包括无机含氯消毒剂和有机含氯消毒剂。其消毒效果取决于有效氯的含量，其含量越高，消毒能力越强禽舍、笼架、用具、运动场、污物及运输车辆等消毒可用 5% 漂白粉溶液喷洒，也可用烧碱消毒。散养户也可经常在家禽笼舍及周围撒一些生石灰或草木灰来消毒。污水沟可投放生石灰或漂白粉。

4）交通工具清洗消毒。对出入疫点、疫区的交通要道设立临时性消毒点，对出入人员、运输工具及有关物品进行消毒；对疫区内所有可能被污染的运载工具应严格消毒，车辆的外面、内部及所有角落和缝隙都要用清水冲洗，再用消毒剂消毒，不留死角。同时，车辆上的物品也要做好消毒，从车辆上清理下来的垃圾、粪便及污水污物必须做无害化处理。

5）与病禽直接接触人员所用物品的消毒。疫情发生期间，养禽场饲养人员以及其他与病禽直接接触人员所用衣物等物品，用有效消毒剂浸泡15 min，或开水煮沸 5 min 以上。

2.3.2 常见家畜急性内科疾病应急处置措施

常见家畜急性内科疾病以消化系统的发病率最高，如反刍动物前胃弛缓、瘤胃臌气、急性胃肠炎等。其他各系统中也都有一些重点病，如呼吸系统病中的急性支气管炎，创伤引起的急性出血性贫血，泌尿系统病中的急性肾炎等。

1. 反刍动物前胃弛缓

（1）症状

前胃弛缓是由各种病因导致前胃神经兴奋性降低、肌肉收缩力减弱、瘤胃内容物运转缓慢、微生物区系失调，产生大量发酵和腐败的物质，引起消化障碍，食欲、反刍减退，乃至全身机能紊乱的一种疾病。此病是反刍动物常发病之一，尤其老龄牛和使役过重牛最易发生。

前胃弛缓按其病情发展过程，可分为急性和慢性两种类型。急性型前胃弛缓病畜食欲减退或废绝，反刍减少、短促、无力，时而嗳气并带有酸臭味。奶牛和奶山羊泌乳量下降，体温、呼吸、脉搏一般无明显异常。瘤胃蠕动音减弱，蠕动次数减少。触诊瘤胃，其内容物黏硬或呈粥状。如果伴发前胃炎或酸中毒时，病情急剧恶化，食欲废绝，呻吟、磨牙，反刍停止，精神沉郁，呼吸困难，眼窝凹陷。

（2）预防

1）改进饲养方法。喂料时应注意饲料选择、保管和调理，注意饲料质量，防止饲料发霉、酸败、变质；饲喂要定时定量，不要突然变更饲料，对豆秆、豆皮及粗硬难以消化的饲料控制用量，柔软或粉碎过细的饲料或饲草也需控制用量；减少应激反应，在饲料中添加矿物质维生素类添加剂，防止中毒、应激等因素的影响。

2）改进管理方法。圈舍饲养的牛要注意适当运动，保持畜舍环境卫生良好，注意圈舍通风换气，防止动物拥挤。

3）防止继发性病因。牛的其他前胃病、某些寄生虫病、传染病以及营养代谢病均能够继发前胃弛缓。

（3）应急处置措施

1）纠正瘤胃内环境。投给泻剂，可用硫酸镁或硫酸钠 400~500 g，也可用液体石蜡油 500 mL 内服，促进胃肠积聚物的排出，然后给予碳酸氢钠溶液 300 mL，以降低瘤胃内酸性环境，恢复瘤胃内微生物的适宜环境。

2）恢复前胃蠕动功能。用拟胆碱药促进胃肠蠕动，成年牛可皮下注射甲硫酸新斯的明溶液 8 mL，当疾病恢复时，适当用健胃助消化药，如人工盐 200 g 加水灌服。

3）促反刍。市场上有促反刍液售卖，使用时严格按照说明执行；或使病畜将一段臭椿树枝衔于口内，促使反刍。

4）中药治疗。将当归 75 g、苍术 30 g、厚朴 30 g、陈皮 30 g、枳壳 30 g、牵牛子 30 g、神曲 45 g、麦芽 45 g、莱菔子 45 g、槟榔 30 g、生甘草 25 g、生姜 20 g 粉碎为细末用开水冲服，连服 4 剂。

2. 瘤胃臌气

（1）原因及症状

本病为牛羊过食易于发酵的大量饲草，如露水草、带霜水的青绿饲料、开花前的苜蓿、马铃薯叶以及已发酵或霉变的青贮饲料等引起。也有的是由于误食毒草或过食大量不易消化的豌豆、油渣等引起，这些饲料在胃内迅速发酵，产生大量气体，因而引起急剧膨胀。本病也可继发于食道阻塞、前胃弛缓、创伤性网胃炎、胃壁及腹膜粘连等疾病。

急性瘤胃臌气通常在牛羊采食后或吃草时突然发病，牛羊出现采食停止，举止不安，眼结膜充血，频频起卧，回视腹部，肚子迅速膨大，反刍停止，听诊瘤胃蠕动音消失或减弱，左腹部突出，叩之如鼓。发病中期动物出现呼吸困难，心跳加快。发病后期动物心律不齐，心有杂音，心动微弱，静脉怒张，黏膜发绀，站立不稳，摔倒，抽搐，最终死亡。

（2）预防

1）防止牛采食过量的多汁、幼嫩的青草和豆科植物（如苜蓿）以及易发酵的甘薯秧、甜菜等。不在雨后或带有露水、霜的草地上放牧。

2）大豆、豆饼类饲料要用开水浸泡后再喂。

3）做好饲料保管和加工调制工作，严禁饲喂发霉腐蚀饲料。

（3）应急处置措施

对此症状的应急处置原则是排气减压，制止发酵，恢复瘤胃的正常生理功能。

1）臌气严重的病牛要用套管针进行瘤胃放气。臌气不严重的用消气灵 10 mL×3 瓶，液体石蜡油 500 mL×1 瓶，加水 1 000 mL，灌服。

2）促进嗳气，恢复瘤胃功能，使用健胃药，如人工盐 200 g、小苏打 100 g 加水灌服，或使病畜口内衔一棵树根，促使其呕吐或嗳气。

3）对妊娠后期或分娩后的病牛或高产病牛，在放气、健胃后，再实施静脉补液。

3. 急性胃肠炎

（1）原因及症状

引起家畜出现胃肠炎的原因有：饲料变质、发霉或饮水污染；误食了坚硬锋利的物品导致胃黏膜或肠黏膜划伤出血；误食了有毒性、腐蚀性、强刺激性的化学物质；食用了有毒真菌、带毒的植物；由于运输过程、温度急剧变化、过度疲劳等引起应激反应等情况使得家畜引发胃肠炎。

急性胃肠炎病畜精神沉郁，食欲减退或废绝，口腔干燥，舌苔重，口臭。反刍动物嗳气，反刍减少或停止，鼻镜干燥；腹泻，粪便稀呈粥样或水样，腥臭，粪便中混有黏液；有不同程度的腹痛和肌肉震颤。病畜体温升高，心率增快，呼吸加快，眼结膜暗红或发绀，随病情恶化体温下降到正常以下，出冷汗，体表静脉萎缩，精神高度沉郁甚至昏迷。

（2）预防

对饲养环境进行消毒，同时加强对家畜的饲养管理，检测饲料中是否含有有毒、有害、变质、腐蚀性的物质，防止各种致病因素的发生，同时做好驱蚊驱虫的工作，防止互相传播，并定期给家畜消毒处理，彻底消除病原体环境。

（3）应急处置措施

1）消炎。一旦发现家畜有胃肠炎，立即采用 0.1%~0.2% 高锰酸钾溶液 3 000 mL 左右强灌入其口腔中，或采用硫酸新霉素内服，每天 2~3 次，对于剂量，马为 5~10 g，犊牛为 2~3 g，仔猪为 0.5~1 g。

2）清肠。当家畜出现胃肠炎时，胃肠蠕动慢，排便时间长，排出的粪便带有大量黏液，且气味异常腥臭。粪便颜色暗沉时，为促进胃肠加快康复，减轻家畜炎症，应采取措施促进排便，较为普遍的手段是内服植物油 500 mL 左右、乙醇 60 mL 左右，也可以采用硫酸钠 200 g，或加入人工盐 300 g、乙醇 60 mL 等，加入饮用水内服。同时注意病畜所服用泻药的效果，避免发生严重腹泻。

当家畜感染急性胃肠炎后，其粪便如水，频繁腹泻，且带有腥臭黏液，应采取措施止泻。通常采用具有吸附作用的药剂炭 250 g 左右，加水服用，或采用碳酸氢钠 1 000 g 左右，加水服用。

3）修复。通过静脉注射的方法，对家畜进行补液，但注射液不可一次性大剂量，补充其流失的 K^+、Na^+ 等电解质，对其补充电解质，输液速度不可过快。

4. 急性支气管炎

（1）原因及症状

急性支气管炎是支气管黏膜表层和深层的急性炎症过程，为各种畜禽易患的常见病。原发性支气管炎主要由受寒感冒，吸入刺激性物质，因吞咽障碍将液体、固体等吸入气管以及传染因素和寄生虫的侵袭等引起。继发性支气管炎主要见于流行性感冒、马腺疫、牛口蹄疫、家禽的慢性呼吸道病等传染病过程和邻近器官炎症蔓延等。

急性支气管炎临床特征为咳嗽和流鼻液。在疾病初期，病畜表现干、短和疼痛咳嗽，以后随着炎性渗出物的增多，咳嗽变得湿而长。有时病畜咳出较多的黏液或脓性痰液，并呈灰白色或黄色；同时鼻孔流出浆液性、黏液性或脓性的鼻液；胸部听诊肺泡呼吸音增强，出现干啰音和湿啰音。

（2）预防

1）在急性支气管炎高发的季节，比如冬季、春季及季节交替的时节做好畜禽舍的通风换气，保持空气清洁。

2）在寒冷季节到来之前，为畜禽准备好充足的饲料，做好必要的驱虫工作，增强畜禽身体机能，提升其抵抗疾病的能力。

3）对畜禽做好检疫、消毒和防疫注射工作。

（3）应急处置措施

在保暖的基础上保证饲养舍通风良好，供给动物充足的清洁饮水和优质饲料。

1）对于咳嗽频繁、支气管分泌物黏稠的病畜，应用祛痰剂，如将人工盐 50~80 g 和茴香末 150~200 g 做成舔剂，一次内服；或使用碳酸氢钠 50~80 g、远志酊 50~80 mL、温水 500 mL，一次内服。咳嗽频发，分泌物不多时，可选用镇痛止咳剂，如复方樟脑酊 40~50 mL，每天用 2~3 次。

2）消除炎症可选用抗生素。肌肉注射青霉素，牛 $4 \times 10^3 \sim 8 \times 10^3$ IU/kg，羊 10 万~15 万 IU/kg，每天 2 次，连用 2~3 天。青霉素 100 万 IU、链霉素 100 万 IU，溶于 1% 普鲁卡因溶液 15~20 mL 中，直接向病畜气管内注射，每日 1 次，有良好效果。

3）可采用中药疗法。外感风寒引起支气管炎的病畜宜内服紫苏散。紫苏散配方为紫苏、荆芥、前胡、防风、茯苓、桔梗、生姜各 40~50 g，麻黄 25~40 g，甘草 25 g，研为细末，开水冲服。风热症治疗以清肺化痰为主，病畜可内服清肺散。清肺散配方是板蓝根 100 g，贝母 50 g，葶苈 70 g，桔梗 50 g，杏仁 50 g，苏子 50 g，桑白皮 50 g，甘草 30 g，共研为细末，开水冲调，加蜂蜜 100 g 调服。

5. 急性出血性贫血

（1）原因及症状

急性出血性贫血是由于血管特别是动脉管被破坏，使机体发生严重出血之后，而血库及造血器官又不能代偿时发生的贫血。其大多因外伤或外科手术使血管壁受损，动脉管发生大出血后机体血液丧失过多引起，如鼻腔、喉部及肺受到损伤而出血、猪的胃出血、母畜分娩时损伤产道、公畜去势止血不良引起断端出血等。内脏器官受到损伤会引起内出血，尤其是作为血库的肝和脾破裂时会严重出血，甚至导致畜禽死亡。

（2）预防

1）减少因惊吓、争斗、运输条件及饲养环境恶劣等因素造成的外伤性出血。

2）避免因草木樨中毒、敌鼠钠中毒、蕨类植物中毒及三氯乙烯脱脂的大豆饼中毒等引起的急性出血性贫血。

（3）应急处置措施

出血性贫血时应立即止血，避免血液大量丧失，主要方法如下。

1）局部止血。外部出血时，能找到被损伤和出血的血管时，可应用外科止血的方法进行结扎或压迫止血，较好的方法是电热烧烙止血。

2）全身止血。在家畜内出血及加强局部止血时应用全身止血法，选用的卡巴克洛（安络血）注射液，马、牛用 5~20 mL，猪、羊 2~4 mL，肌肉注射，每天一次。采用"止血敏"酚磺乙胺时，马、牛用 10~20 mL，猪、羊用 2~4 mL，肌肉注射或静脉注射。采用 4% 的维生素 k3 注射液时，马、牛用 0.1~0.3 g，猪、羊用 8~40 mg，肌肉注射，每天一次。

3）提高血管充盈度有输血和补液两种方法。

a. 输血。少量输血有加强血液凝固的作用。输血时应选用同种家畜的相合血液，静脉输入。病畜输入异体血后，可使网状内皮系统兴奋，促进造血机能，提高血压。大量输血不仅有止血作用，还可补充血液量和增加抗体，马、牛可输 2 000~3 000 mL 血液。

b. 补液。应用右旋糖酐和高渗葡萄糖溶液可补充血液量。采用右旋糖酐 30 g、葡萄糖 25 g，加水至 500 mL 静脉注射，猪、羊用 250~500 mL，马、牛用 500~1 000 mL。应用硫酸亚铁制剂补充造血物质，猪、羊用 0.5~2.0 g，马、牛用 2~10 g，内服。应用枸橼酸铁铵，猪用 1~2 g，马、牛用 5~10 g，内服，每天 2~3 次，同时肌肉注射钴胺素等。

6. 急性肾炎

（1）原因及症状

患急性肾炎的病畜食欲减退，精神沉郁，消化不良，体温微升。因肾区敏感疼痛，病畜不愿行动；站立时腰背拱起，后肢叉开或齐收腹下；强迫行走时腰背弯曲，发硬，后肢僵硬，小步前进，尤其向侧转弯困难。病畜频频排尿，但每次尿量较少，严重者无尿。触诊肾区，病畜有痛感，直肠触摸，手感肾脏肿大，压之感觉过敏，病畜站立不安，甚至躺下或抗拒检查。

（2）预防

对于肾炎，在预防时应加强管理，防止动物受寒，禁喂刺激性或者发霉饲料之外，必要时用强心剂，此外还应当限制饮水量和食盐摄入量。使用剧毒药物时，应严格掌握剂量及用法。对患急性肾炎的病畜，应及时采取有效治疗措施，彻底消除病因，以防复发或转为慢性。

（3）应急处置措施

可使用青霉素进行肌肉注射用于消除炎症、控制感染。对于肾炎病例，免疫抑制疗法也有重要作用，可选氢化可的松注射液、地塞米松肌肉或静脉注射，同时选利尿剂促进病畜排尿，减轻或消除水肿。

1）治疗本病主要在于抗菌消炎，如青霉素、链霉素联合应用，肌肉注射1周，其次还可用卡那霉素、庆大霉素等。磺胺类药与抗菌增效剂并用，可提高疗效。常用的磺胺甲基异恶唑，各种动物每次按体重20~25 mg/kg内服，每日2次，或采用增效磺胺对甲氧嘧啶片，每日内服1次，用量同上。使用抗生素和磺胺类药时多给病畜饮水。磺胺嘧啶可在尿液中产生沉淀，在高剂量和长期给药时容易产生结晶，引起结晶尿、血尿或肾小管堵塞。

2）免疫抑制疗法就是使用免疫抑制药物治疗肾炎，主要用激素和抗癌类药物。肾上腺皮质激素类药物主要抑制免疫过程的早期反应，且具有消炎作用。

3）利尿及尿路消毒。为消除水肿，可使用双氢克尿噻（氢氯噻嗪）、利尿素等利尿剂。对各种原因引起的全身水肿及其他利尿药物无效时，可用速尿（呋塞米）肌肉或者静脉注射，马、牛、羊、猪每次按 0.5~1 mg/kg 体重，不能长期或大量用，否则可出现低血钾、低血氯及脱水症状，连续 3~5 d，或者用 40% 乌洛托品液静脉注射，马、牛 40~50 mL，猪、羊 10~20 mL。速尿（呋塞米）可以预防急性肾功能不全衰竭以及药物中毒时加速药物排出。

2.3.3　常见畜禽外科疾病应急处置措施

1. 外伤出血

（1）原因及症状

畜禽可能会因为转栏合群、争抢领地、争夺食物等原因发生激烈的打斗，如公猪的獠牙、牛角、羊角都是"锋利的武器"，会造成动物身体创伤。除了一般性的出血性外伤，常见的还有猪咬尾症、鸡啄癖等引起的外伤。

（2）预防

首先，对畜禽舍执行严格的分群管理措施，同时要适当控制畜禽群的饲养密度，切忌密度过大。畜禽舍内要控制适当的温、湿度并且保持良好的通风状况。畜禽舍内应该设置足够的食槽、饮水器等供畜禽使用，合理配制日粮。不可突然更换饲料，正确做法是保证有个过渡期，以减少应激刺激。7 日龄后的断喙是减少禽只发生啄癖的重要措施。给畜禽群尽量提供良好的条件，防止畜禽群受惊。舍内外的环境消毒工作都应该给予足够的重视。日常的实际工作中应该加强畜禽群的守护与巡视措施，如果发现有禽只表现啄癖或猪只有咬尾现象时，要及时对畜禽群实施驱散措施，将啄癖或咬尾严重的畜禽挑出，并且采取隔离饲养的方式。

（3）应急处置措施

1）养殖场工作人员发现动物打斗的情况，应迅速将应激畜禽转移出圈舍。

2）被攻击的畜禽身体发生创伤如有出血，应立即清除伤口上的污物和坏死组织，用 0.1% 高锰酸钾溶液或 0.05% 新洁尔灭溶液冲洗伤口，压迫、结扎血管或用止血钳等器械止血，还可以应用止血剂，止血后涂抹红药水或紫药水，或直接涂抹 5% 碘酊等。

3）外伤较为严重时，要敷上消炎粉。如伤口过大，则需请专业兽医人员处理，根据病情应用抗生素，对症治疗。

2. 挫伤

挫伤为软组织的非开放性损伤，多由钝性外力直接作用于机体而引起。动物皮肤出现轻微致伤痕迹，局部因血管破裂出现溢血、肿胀、增温、疼痛和机能障碍。如发生感染，可形成脓肿或蜂窝织炎。

应急处置措施：镇痛消炎，防止感染，促进肿胀吸收。动物受伤初期先用冷却疗法，同时局部涂擦 10% 樟脑酒精，局部涂擦 5% 鱼石脂软膏，采用山栀子粉适量，加淀粉以黄酒调成糊状，外敷。

3. 骨折

牛、羊骨折部位多为四肢，当认定是四肢骨折时，除优良种畜外，其他牲畜应采取屠宰处理，因为四肢骨折，治疗效果不佳，一般无饲养价值。

应急处置措施：畜禽发生骨折时，养殖场工作人员应进行早期护理，最好在原地实施救护；如有出血，先进行止血操作，然后等待专业人员对其进行整复、固定处理；如果是脱臼，找准部位，按正常方位，采取推、拉、压的整复法。

4. 烧伤

烧伤为高温作用于畜禽身体引起的损伤，小面积或轻度烧伤可治愈；大面积或重度烧伤往往伴有并发症，则失去抢救治疗价值。

应急处置措施如下。

1）止痛可选择肌肉注射盐酸氯丙嗪，每次马、牛 1~2 mg/kg，羊、猪 1~3 mg/kg，犬、猫 1.1~6.6 mg/kg；或皮下注射盐酸吗啡，每次马、牛、猪、猫 0.1 mg/kg，犬 1~2 mg/kg，皮下注射。

2）对轻度烧伤，可回舍使用 5% 鞣酸、5%~10% 高锰酸钾、3% 龙胆紫涂抹动物伤处。

5. 冻伤

冻伤为低温引起的组织损伤，北方多见，动物机体末梢、缺乏被毛的部位易发。轻症以皮肤及皮下组织水肿为特征，有的皮下组织呈弥漫性水肿，患部出现水疱；严重冻伤以血液循环障碍引起的不同深度的组织干性坏死为特征，通常因静脉血栓形成、周围组织水肿，以及继发感染出现湿性坏疽。

应急处置措施如下。

消除寒冷，使冻伤组织复温，恢复组织的血液循环和淋巴循环，并采取预防感染措施。

1）使病畜脱离寒冷环境，移入圈舍内，用肥皂水洗净患部，然后用樟脑精擦拭或进行复温治疗。

2）对冻伤的畜禽用 18~20 ℃水进行温水浴，在 25 min 内不断向其中加热水，使水温逐渐达到 38 ℃，并按摩患部；将 0.2% 高锰酸钾液加热至 20 ℃对伤者进行温浴，在 25 min 内不断向其中加热溶液，使水温逐渐达到 38 ℃，并按摩患部；将患部浸泡于 40~42 ℃温水中，并随时加入热水，保持水温恒定，皮肤温度在 5~10 min 内迅速越过 15~20 ℃达到正常。

3）用 0.25% 普鲁卡因封闭病灶周围，用 5% 龙胆紫溶液对患部进行涂擦。

6. 电击性损伤

雷击、触电引起的损伤称为电击伤。动物受伤害的程度与电压的高低、电流的强弱、电流通过机体的时间和方向、皮肤的干湿有关。牛、马对电最为敏感，100~110 V 的电压即很危险。一般电流通过脑、心脏及全躯干时，触电部位潮湿，会增大电损伤的危险性。

应急处置措施：快速切断电源，随即为触电动物注射强心剂，待其苏醒后对症治疗。

除了保证足够的饲养密度和良好的运输条件，避免动物产生应激反应外，还要确保运输工具安全牢固，防止畜禽逃逸时造成外伤。冬季，北方畜禽舍要注意保暖，以防动物冻伤，但室内取暖不宜采用电暖扇、油汀暖气片等易起火的装置。畜禽舍电路设计合理，最好装有避雷装置，同时应避免在暴雨天进行野外运输。

2.3.4　常见畜禽中毒应急处置措施

畜禽中毒的应急处置分为阻止毒物进一步吸收、应用特效解毒剂和对症治疗三个步骤。其中阻止毒物吸收指避免畜禽继续接触和摄入可疑含毒饲料，同时利用催吐法、洗胃法去除已摄入的毒物。如毒物难以确定，应考虑更换场所、饮水、饲料和用具，直到确诊为止。特效解毒疗法是指根据毒物的结构、理化特性、毒理机制和病理变化施用特效解毒剂。对症治疗的目的在于维持机体生命活动和组织器官的机能，直到选用适当的解毒剂，同时针对治疗过程中出现的危症采取紧急措施。

1. 饲料毒物中毒

（1）硝酸盐和亚硝酸盐中毒

硝酸盐和亚硝酸盐中毒是动物摄入过量含有硝酸盐和亚硝酸盐的植物或水，引起高铁血红蛋白血症，临床表现为皮肤、黏膜发绀及其他缺氧症状，发生于各种家畜，以猪多见，依次为牛、羊、马、鸡。中毒病猪常在采食后 15 min 至数小时发病。最急性者可能仅稍显不安，站立不稳，即倒地死亡。急性病例除表现不安外，还呈现严重的呼吸困难，脉搏极速、细弱，全身发绀，体温正常或偏低，肌肉战栗或衰竭倒地。牛自采食后 1~2 h 发病，除呈现中毒病猪的症状，还有流涎、腹泻，甚至呕吐，全身症状有呼吸困难、肌肉震颤、步态摇晃、全身痉挛等。

预防：切实改善青绿饲料的堆放条件。无论生、熟青绿饲料，摊开敞放可有效预防亚硝酸盐生成；对可疑饲料、饮水实行临用前的简易化验。

应急处置：使用特效解毒剂美蓝（亚甲蓝），用于猪的剂量是 1~2 mg/kg，反刍兽的是 8 mg/kg，制成 1% 溶液进行静脉注射。

（2）蓖麻毒素中毒

蓖麻毒素中毒是动物误食过量蓖麻籽或其饼粕，发生以腹痛、腹泻、运动失调、肌肉痉挛和呼吸困难为特征的中毒病。牛、马、猪、鹅多发生此病。马在采食后数小时或几天内发病，病初体温升高，口唇痉挛，颈部伸展，呼吸困难，继而出现腹痛和严重腹泻，并伴有运动失调或肌肉痉挛，后期躺卧，常无尿。中毒病牛呼吸和心跳增速，孕牛发生流产，乳牛产奶量减少。中毒病猪精神沉郁，呕吐、腹痛，出现出血性胃肠炎及血红蛋白尿等症状，严重者突然倒地嘶叫和痉挛，可视黏膜和皮肤严重发绀，尿闭，最后昏睡、死亡。

预防：①利用蒸汽法和煮沸法，将蓖麻籽饼在 125 ℃ 环境中湿热处理 15 min，可使蓖麻毒素全部被破坏，如再用水冲洗，效果更好；②利用酸、碱、盐浸泡去毒；③在种植蓖麻的区域，应及时收获并妥善保管蓖麻籽实，避免成熟籽实散落地面或混入饲料被动物采食；④对研磨蓖麻籽的用具必须彻底清洗，否则不能用来研磨饲料。

应急处置：通常选用抗蓖麻毒素血清急救。动物发生蓖麻中毒时，立即用 0.2% 高锰酸钾洗胃，并给盐类泻剂，灌服吐酒石（酒石酸锑钾）、蛋白、豆浆等，也可利用利尿剂和乌洛托品等注射，用 4% 碳酸氢钠灌肠。对症疗法用强心剂、兴奋剂等。此外，猪、羊中毒灌服白酒也有疗效。

（3）瘤胃酸中毒

瘤胃酸中毒是动物因采食大量的谷类或其他富含碳水化合物的饲料后，导致瘤胃内产生大量乳酸而引起的一种急性代谢性酸中毒。特征为消化障碍、瘤胃运动停滞、脱水、酸血症、运动失调、衰弱，常导致死亡。最急性的病例，往往在采食谷类饲料后 3~5 h 内无明显症状而突然死亡，有的仅见精神沉郁、昏迷，而后很快死亡。中毒严重的病畜蹒跚而行，碰撞物体，眼反射减弱或消失；卧地，头回视腹部，对任何刺激的反应都明显下降；有的病畜兴奋不安，向前狂奔或转圈运动，视觉障碍，以角抵墙，无法控制，最后后肢麻痹、瘫痪昏迷而死。中毒的病畜精神沉郁、食欲废绝、反刍停止，流涎、磨牙，粪便稀软或呈水样，有酸臭味，体温正常或偏低。病畜皮肤干燥，眼窝凹陷，尿量减少或无尿，虚弱或卧地不起。

预防：不论奶牛、奶山羊、肉牛、肉羊与绵羊日粮精粗比要合理，肉牛、肉羊由高粗饲料向高精饲料的变换要逐步进行，应有一个过渡期。要防止牛、羊闯入饲料房、仓库、晒谷场，暴食谷物、豆类及配合饲料。

应急处置：病畜临床症状不太严重时通常采取洗胃治疗。使用大口径胃管以 1%~3% 碳酸氢钠液温水反复冲洗瘤胃。冲洗瘤胃后投喂碱性药物，补充钙制剂和体液。受条件限制不能采取洗胃治疗的，静脉注射 5% 碳酸氢钠注射液 1 000 mL，并投服氧化镁或氢氧化镁等碱性药物后，喂服青霉素溶液。危重病畜需要进行手术。

（4）霉菌毒素中毒

霉菌毒素是一种存在于饲料和原料中的抗营养因子，是毒素很强的霉菌次生代谢产物。饲料在加工、运输和贮存过程中都会产生霉菌毒素，且都会对畜禽造成不同程度的伤害。霉菌毒素种类繁多，常见的毒素有黄曲霉毒素、玉米赤霉烯酮/F2毒素、赭曲霉素、T2毒素、呕吐毒素/脱氧雪腐镰刀菌烯醇、伏马毒素/烟曲霉毒素（包括伏马毒素B1、B2、B3）等。

霉菌毒素对家畜最显著的危害是免疫抑制和饲料效率下降。

1）猪。猪采食霉败饲料后，急性病例发生于2~4月龄的仔猪，多数在临床症状出现前突然死亡。亚急性型猪体温升高，精神沉郁，食欲减退或丧失，口渴，粪便干且呈球状，后肢无力，步态不稳，间歇性抽搐。严重的卧地不起，2~3 d内死亡。病猪采食量降低或拒食；生长迟滞，饲料报酬变差；免疫功能降低；肠道及肾脏出血；肝胆肿大、受损和癌变；生殖系统受到影响，胚胎坏死，胎儿畸形，贫血；母猪泌乳量下降，乳汁中因含有霉菌毒素，从而对哺乳小猪产生影响。

2）牛。犊牛对黄曲霉毒素敏感，死亡率高；成年牛死亡率较低。中毒症状表现为厌食、磨牙、前胃弛缓、间歇性腹泻，乳量下降，妊娠母牛早产、流产。

3）家禽。霉菌毒素严重威胁家禽生长安全。

霉菌毒素对家禽肾脏的损害表现为肾小管发生变性而阻塞，产生尿酸盐沉积，使得肾脏肿胀，有时会导致痛风症的发生。霉菌毒素对家禽的影响取决于毒素的种类和浓度，家禽对不同种类霉菌毒素耐受剂量是不同的。家禽周龄大小不同，受霉菌毒素影响也是不同的。雏鸡对霉菌毒素的敏感性较高，往往以急性状出现，主要在2到6周龄易发，有时小于1周龄的也可发生，且病死率非常高。病雏主要表现为嗜睡，食欲不振，体重降低，双翅下垂，羽毛脱落；呼吸困难，张口喘息，常伴有呼噜声或者发出尖叫声；腹泻，排出黄绿色稀粪或者混杂血液的粪便；鸡冠、肉髯苍白，精神沉郁，步态蹒跚，共济失调，角弓反张，肌肉痉挛，快速死亡。雏鸭表现食欲不振，脱羽，鸣叫，步态不稳，跛行，死亡率可达80%~90%。成年鸡鸭通常呈慢性状，主要表现为机体消瘦、不愿活动、贫血，产蛋率和孵化率下降，病死率提高，往往是零星死亡。

霉菌毒素中毒预防方法如下。

对于霉菌毒素的防控，要从饲料原料的源头管控、生产过程控制和动物体内霉菌毒素的清除入手。在饲料原料源头控制方面，要采购优质的饲料原料，杜绝发霉原料入库；入库过程中过筛除去玉米中的杂质及小粒碎玉米；加强饲料原料库的管理，确保原料库环境条件合适，尤其是玉米仓的管理，同时做好原料先进先出的合理规划。

1）防止饲草、饲料发霉。防霉是预防饲草、饲料被霉菌毒素污染的根本措施。引起饲料霉变的因素主要是温度与相对湿度，因此饲草收割后应充分晒干，且勿雨淋；饲料应置阴凉干燥处，勿使其受潮、淋雨。为了防止发霉，还可使用化学熏蒸法或防霉剂，常用丙酸钠、丙酸钙，每吨饲料添加 1~2 kg，可安全存放 8 周以上。

2）霉变饲料的去毒处理。霉变饲料不宜饲喂畜禽，若直接丢弃，则将造成经济上的很大浪费，因此，对于霉变饲料除去饲料中的毒素后仍可饲喂畜禽。养殖饲料中添加强力生物脱霉剂，可以有效清除霉菌毒素，改善动物机体健康情况及繁殖性能，保肝护胆排出毒素，调理肠道，抗应激，抑菌抗病毒，提高猪群免疫力，提高奶汁质量，提高产下仔猪的初生重和健康程度；有助于增强家禽机体免疫能力，提高饲料利用率，能够有效预防动物群体集体霉菌中毒。

3）定期监测饲料，严格实施饲料中霉菌毒素限量标准。许多国家都已经制定了饲料中霉菌毒素限量标准。

应急处置：霉菌毒素中毒目前尚无特效疗法。首先，可以切断原饲料供应，并且采取一定的措施更换饲料，然后根据动物机体表现症状进行治疗：可适当加大饲料中蛋白质、复合维生素及硒的含量，并且可用抗生素来缓解病畜症状。

2. 有毒有害气体中毒

畜禽饲养舍内容易产生的有害气体主要包括氨气（NH_3）、硫化氢（H_2S）、二氧化碳（CO_2）。

（1）中毒原因及症状

畜禽舍内，氨气（NH_3）的来源主要是含氮的有机物通过分解而来的，常见的就是家畜排泄的粪、尿以及采食的饲料和舍内垫料等的分解造成。硫化氢（H_2S）主要是含硫有机物分解产生的。NH_3、H_2S 主要聚集在畜禽舍饲养舍内的下部，如果畜禽舍日常的卫生管理不当，加之通风设备配备较差或畜禽的饲养密度过大，会造成舍内 NH_3、H_2S 的含量超标。畜禽吸入 NH_3 之后会出现咳嗽和打喷嚏症状，可见其上呼吸道黏膜表现充血且红肿，并且分泌物有所增多，严重的会发生肺部出血和炎症表现。畜禽长时间处于 H_2S 含量比较高的环境中，其呼吸中枢会被抑制，导致畜禽因为窒息而死亡。

CO_2 主要是由畜禽呼吸产生的，冬季封闭式的畜禽舍空气中的 CO_2 浓度较高，氧气的含量比较低，畜禽在临床中会有慢性缺氧的表现，直接可见其生产能力降低，机体逐渐衰弱，畜禽比较容易感染结核病等慢性传染性疾病。

（2）有毒有害气体中毒的预防

1）加强畜禽舍的卫生是预防有害有毒废气中毒的最基本手段。按时清理粪便，保持畜舍排水畅通，保持圈舍干燥，积极做好通风换气工作，并定期对畜舍进行消毒。

2）严格控制畜禽舍内的畜禽数量。不同品种、不同用途的畜禽对畜禽舍有不同要求，单位面积饲养的畜禽数量也有严格的标准。

3）因地制宜地做好畜禽舍的通风换气工作。早春季节因天气多变，北方地区还很寒冷，养殖场为了保暖，不采取通风换气等技术措施就会造成畜禽中毒，必须按阶段无论秋冬春夏一定按时通风，对通风设施少的要增加通风设备，设备不完善的要及时开窗换气；要把握通风时间，在冬季一般早晨 10 点后至下午 3 点前是通风的最佳时间，必须保证畜禽舍的温度相对恒定，严防温度骤升骤降现象的发生。

（3）应急处置措施

当饲养舍内有害气体浓度过大造成畜禽中毒时，应立即将中毒畜禽转移至空气新鲜处，加强护理；打开门窗，在保证温度的基础上，加强通风，排出有害气体，将碳酸氢钠配制成 1% 的溶液，对畜群进行喷雾。

3. 药物中毒

（1）氨基糖苷类药物中毒

氨基糖苷类药物为广谱抗生素，临床上常用于泌尿道、消化道的感染，该类抗生素对需氧革兰阴性杆菌、金黄色葡萄球菌较为敏感且效果显著。链霉素、庆大霉素、卡那霉素、庆大 - 小诺霉素（小诺米星）、丁胺卡那霉素（阿米卡星）等均是兽医临床上常用的氨基糖苷类抗生素，其中链霉素、丁胺卡那霉素、庆大霉素对肾脏、听觉神经均有损害作用，而且庆大霉素可引起细菌的耐药性（停药一段时间后细菌易恢复对该药的敏感性）。链霉素的不良反应主要表现为神经毒性，典型的临床病症有共济失调、呼吸抑制和听觉神经受损等。

急性毒性反应可引起神经肌肉接头的阻滞，导致中毒动物呈现瘫痪、全身无力和衰竭、呕吐、呼吸困难、运动失调、痉挛、最后呼吸抑制等症状。

预防：按正确用量及疗程用药，不随意加大剂量和增加疗程。本类药物只适于敏感细菌性疾病应用，无抗病毒、抗寄生虫作用，不要用于病毒性疾病和寄生虫病的治疗；不可两种或多种合用。

应急处置：发生中毒反应即刻停药，立即使用 0.1% 肾上腺素皮下注射，猪用 0.5~1 mL，牛、马用 2~5 mL。

（2）磺胺类药物中毒

磺胺类药物是一种人工合成的广谱抗菌药物，广泛应用于禽类细菌性疾病和球虫病，该药在兽医临床上主要用于全身感染，肠道、泌尿道及原虫感染等。磺胺类药物的用法有一大注意事项，即首次用药应加倍剂量使用，且用药期间要保证动物充足饮水。磺胺类药物中毒分为急性中毒和慢性中毒。急性中毒常常是因为静脉给药时速度过快或剂量过大，症状为痉挛性麻痹、昏迷甚至死亡。各日龄的鸡如果磺胺类药物用量过大，连续用药时间过长（7 d 以上）都能引起急性严重中毒，雏鸡表现尤其明显。主要表现为精神沉郁，全身虚弱，食欲锐减或废绝，呼吸急促，冠髯青紫，可视黏膜黄疸，贫血，翅下有皮疹，粪便呈酱油色，有时呈灰白色，蛋鸡产蛋量急剧下降，出现软壳蛋，部分鸡死亡。

预防：① 1 月龄以下的雏鸡和产蛋鸡应避免使用磺胺类药物；②各种磺胺类药物治疗剂量不同，应严格掌握，防止超量，连续用药时间不超过 5 d；③选用含有增效剂的磺胺类药物，如复方敌菌净、复方新诺明等，其用量较小，毒性也就比较低；④治疗肠道疾病，如球虫病等，应选用肠内吸收率较低的磺胺药，如复方敌菌净等，这样一方面其在肠内浓度高，可增进疗效，同时在血液中浓度低，毒性较小；⑤用药期间务必供给动物充足的饮水。

应急处置：发现中毒应立即停药，供给动物充足的新鲜饮水，并于其中加 1%~2% 的小苏打（碳酸氢钠），如果药物投服量过大，尽早洗胃；当出现结晶尿、少尿、血尿时，口服碳酸氢钠或用 5% 碳酸氢钠溶液静脉注射，家禽每千克饲料加 200 mg 维生素 C、35 mg 维生素 K，连续数日至症状基本消失为止。

（3）消毒药中毒

含氯漂白剂是一种常见的消毒药，各种畜禽都对含氯漂白剂较为敏感。畜禽接触未经稀释的含氯漂白剂能引起消化道、皮肤及眼睛的刺激和溃疡，以及明显的呼吸系统病变，包括气管炎、肺泡炎、肺水肿等。

阳离子去污剂是一类局部性腐蚀剂，能引起皮肤、眼睛和黏膜损伤，引发口腔溃疡、口炎、咽炎、流涎、呕吐、精神抑郁、结膜炎等。阳离子去污剂中毒还可以导致动物中枢神经系统抑制、昏迷、抽搐、肌无力和肺水肿等症状。

预防：使用此类消毒剂之前要仔细阅读说明书，了解不同消毒药的消毒方式、浓度和作用时间，平时应储存在安全地点。

应急处置：①迅速使动物脱离中毒环境；②以上消毒药经口服中毒的，禁用催吐法和使用活性炭，建议使用牛奶或水稀释，并监测口腔或食管灼伤情况；③对皮肤和眼睛接触消毒剂的，应用生理盐水或微温水彻底冲洗；④对出现全身症状的动物，使用 0.5~2.0 mg/kg 体重的安定缓慢静脉注射或输液。

2.3.5　常见畜禽应激综合征应急处置措施

1. 免疫应激

畜禽免疫接种是防控多种疫病的有效措施之一，但因畜禽品种、个体体质差异等诸多因素，免疫接种后应激反应时有发生。

（1）容易引起畜禽免疫反应的疫苗种类

临床常见的容易引起畜禽免疫反应的疫苗种类包括：猪瘟疫苗、猪蓝耳病疫苗、口蹄疫疫苗、布鲁氏菌活疫苗、小反刍兽疫疫苗等。

（2）畜禽免疫反应的主要表现

畜禽免疫反应主要表现为局部反应、全身反应、激发疾病、引发感染，见表2-3、表2-4和表2-5。

表 2-3　免疫局部反应症状及表现

反应类型	主要表现
炎症反应	接种部位及周边组织充血,局部出现红肿热痛炎症反应。一般情况为手触可感觉到或眼观可见的肿胀,严重时可致感染破溃,甚至引起全身性反应
结节	接种部位出现结节,多数能够逐渐吸收,个别形成无法吸收的硬结
坏死	接种部位发生出血、瘀血,使周边组织物质代谢紊乱,逐渐出现坏死
局部过敏反应	个别动物接种疫苗后,出现瘙痒、皮疹等局部过敏反应症状

表 2-4　免疫全身反应症状及表现

反应类型	主要表现
最急性反应	可见体温降低,可视黏膜、皮肤苍白,呼吸困难,口吐白沫,呕吐反食,肌肉震颤,冷汗淋漓,大小便失禁,鸣叫呻吟,躯体强直,站立不稳,倒地抽搐,瞳孔散大,反射减弱,四肢冰凉,鼻腔出血等。整个过程短则持续几秒钟,长则不超过 1 h。如抢救不及时,动物很快休克或死亡
急性反应	一般由疫苗接种后引起的过敏反应所致。一些动物出现急性全身荨麻疹症状;还有个别动物出现精神萎靡、独处呆滞、结膜充血、皮肤发紫、呼吸短促、口鼻流涎、呕吐拒食、强迫行走、步态不稳或突然倒地等症状
一般反应	一些动物出现沉郁或不安、体温升高、食欲下降、腹泻、跛行等症状
其他反应	畜禽在疫苗接种后的一段时间里,出现精神不振、食欲减退、生长发育减缓、产乳量减少、产蛋率下降和产软壳蛋等症状

表 2-5　激发疾病与引发感染表现

反应类型	主要表现
激发疾病	1)处于疾病潜伏感染期的畜禽,在临床症状没有表现或表现不明显状态下,一旦接种同病疫苗后,可能发生偶合反应,激发急性发病,随即表现出该病的临床症状或引起死亡。 2)通常在紧急免疫接种时常有此现象发生
引发感染	1)如果畜禽存在机体免疫功能缺陷,那么在接种弱毒疫苗后,可能会出现该病的轻微感染症状,个别也会急性发病或死亡,医学上称为疫苗合并症 2)有些畜禽接种某些弱毒活疫苗可能引起暂时的免疫抑制,造成短期机体抵抗能力降低,易受到病原的侵袭而引发感染

反应类型	主要表现
超敏感 （过敏休克、 变态反应等）	超敏感动物往往表现为在接种进行中或接种后几秒钟或数分钟内,突然发生晕厥或过敏性休克。患畜倒地,口吐白沫,丧失知觉,大小便失禁等,数分钟内自然康复或死亡(纯种奶牛和多年未有传染病发生和流行地区的牛、羊、猪易出现口蹄疫超敏反应)

（3）造成畜禽免疫反应的原因

1）疫苗质量问题。除疫苗自身质量问题，如购买了非正规疫苗厂家生产的产品，或者疫苗未按正确保存条件保存导致变质，或者疫苗过期等，都有可能造成畜禽免疫反应。养殖场应由正规渠道购买有正式兽药批准文号的畜禽疫苗，最好选择以前使用中应激反应少的厂家生产的疫苗，或进口佐剂的疫苗。疫苗应严格按要求存放。

2）免疫时畜禽机体异常。注射疫苗前应对动物进行严格的健康检查，凡体温异常、食欲下降、精神不振或疑似有病的动物一律暂缓注射疫苗，否则容易引起免疫反应。

3）外部环境变化。气候突变、温差太大、大风等天气情况下应暂停免疫注射。

4）未进行安全性试验。群体注射疫苗时，应试注射2~3头家畜，观察无不良反应后再进行全群注射。

5）使用方法不当。免疫接种时不按疫苗说明书操作，如接种剂量过大、接种方法不正确、接种途径错误等，都有可能造成免疫反应。应按使用说明标准注射疫苗，剂量不能随意加倍，也不能减量。

（4）畜禽免疫反应的预防

1）尽可能辨别带菌（毒）、潜伏期畜禽。在免疫接种前，掌握畜禽健康状况，可通过体温测试、观测畜禽采食情况、检查毛发光泽度等方式鉴别畜禽是否感染疾病，对可疑或疑似患病畜禽一律不进行免疫接种。

2）区别对待亚健康状态的畜禽。对体质瘦弱、幼畜（禽）等健康状况不好的畜禽先进行少量的注射试验观察，没有产生应激反应后再按照规定的剂量进行大范围接种。

3）避免使用粗暴的接种方式。在畜禽接种疫苗时应采取相应办法对其进行保定，防止其乱窜，切忌多人按压追赶、打飞针等。

4）做好饲养管理工作。除为畜禽提供充足的营养饲料外，还要做好疫病防控和环境监测工作，在确保畜禽健康的情况下，提供温度、湿度适宜的生长环境。

5）确保疫苗质量。从正规渠道购买有正式兽药批准文号的畜禽疫苗，并按照技术标准冷藏贮存。

6）防疫员要严格按照规程操作。要穿戴专用经消毒处理的工作服（含帽、靴、口罩、护目镜等），防止在其他养殖场所携带病菌；注射器、针头、注射部位要按规定严格消毒，防止交互感染；领取疫苗后要放在专门配备的 15 ℃以下恒温贮存箱中，并保证在 4 h 内用完；对疫苗制剂空瓶等进行专业回收处理，防止污染环境。

（5）畜禽免疫反应的应急处置措施

畜禽发生免疫反应后，技术人员要认真观察，区别处置。个别动物会出现轻微的局部或全身一般反应，如注射部位轻微肿胀，体温略有升高，暂时性减食反应和精神沉郁等。这些均属正常现象，不经任何处理，2~3 d后上述症状会自行消失，不影响动物的生产性能。

反应症状严重的应及时进行救治，急救药物首选肾上腺素或地塞米松，对症治疗。

1）急性反应出现时间快，反应重，如不及时治疗，极易引起动物死亡。对急性全身性过敏性休克的治疗应尽快使用平息效应器官的药物，首选盐酸肾上腺素做肌肉注射。肾上腺素具有兴奋心肌、升高血压、松弛支气管平滑肌、抑制组织胺的释放等抗休克作用，对缓解休克状态的作用最快，治愈率最高。0.1% 盐酸肾上腺素注射液用量为：初生动物 0.1~0.2 毫升／头，断奶动物 0.3~0.4 毫升／头，30 kg 以上的动物 0.5~1 毫升／头。

此外，糖皮质激素类药物可增加心血输出量，降低周围血管阻力，扩张小动脉，改善微循环。其中最常用的是地塞米松注射液，肌肉注射用量为：初生动物 2~5 毫克／头，断奶动物 5~10 毫克／头，生长育肥期动物 10~30 毫克／头，必要时可于 4~8 h 后减为首次用量的 1/3 重复使用。

2）过敏反应出现的荨麻疹、眼睑水肿、腹泻及支气管痉挛等，可使用组胺类药物。它可缓解或消除有关症状，但对症状严重者，特别是对急性过敏性休克，抗组胺类药物不能代替肾上腺素和地塞米松等药物。这类药物常用的是盐酸苯海拉明注射液，肌肉注射剂量为 20~60 mg/kg 体重，此药作用快，作用时间短，每天可用药 3~4 次，直至症状消失。同类的药物还有盐酸异丙嗪，此药作用时间较长，镇静作用较好；也可肌注扑尔敏（氯苯那敏），以降低毛细血管的通透性，减轻肿胀、渗出；还可注射钙制剂，如维丁胶性钙，每次 1~5 毫升／头，每天 1 次，连续数日。

遇到超敏感情况，应将动物的头部放低，使其安静休息。若数分钟内不能恢复，可皮下注射 1% 肾上腺素或肌肉注射地塞米松。

3）体温升高的异常反应处置。因操作不当导致针头污染感染、疫苗保存不当，或者动物免疫力下降，在免疫前已感染某种疾病但还未表现出临床症状等原因，有的动物接种疫苗后，会出现体温升高的反应。体温升高 1~1.5 ℃ 以上，在常规情况下可注射复方氨基比林或安乃近，剂量为 0.1~0.2 mL/kg；若心脏衰竭，皮肤发绀，可注射安钠咖，并注意保温，将动物置于安静通风处，给予充足的干净饮水。

4）疫苗泄漏的处置。某些人畜共患病疫苗（如布鲁氏菌活疫苗）在口服免疫过程中，如牛羊出现咳嗽、打喷嚏将把刚注入口腔中的疫苗喷出，不慎喷到工作人员身上，应停止作业，立即消毒；若喷到眼镜和口罩、工作服上应立即更换，取下的防护用品放到指定容器内用新洁尔灭浸泡；若喷到暴露的皮肤上，应用 0.1% 新洁尔灭擦拭消毒，之后用流水冲洗干净。

2. 转运应激

（1）转运应激的表现

畜禽调运过程中的碰撞、挤压，特别是长途运输中因缺水缺食、烈日暴晒、车厢内气温高、疲劳等，畜禽易发生日射病、热射病、肺炎等运输热症候或出现精神沉郁、体温升高、呼吸加快等，甚至因应激而死亡。

（2）转运应激的预防

运输前，要对动物圈舍内部、外周和运输工具等进行充分消毒，检查待运输畜禽的健康状况。在合适的装载密度下，使用适当的运输工具，保持较低车速，减少启动和刹车频率以增加动物在运输过程中的舒适感。在炎热的夏季，应该妥善安排起运时间，对长途运输的动物通常可以选择夜间运输以避开白天高温，必要时应定时对车厢进行冷水冲淋降温。

运输前不禁食，可减缓动物在运输过程中因长时间的饥饿所致的强烈应激，并可减少运输过程中的体重损失。运输前和运输后要给畜禽充分饮水喂料，在饲料或饮水中加入一些缓解应激的成分，必要时注射镇静剂，以调节动物的机体生理机能，增强体力。

（3）转运应激的应急处置措施

在雨天、大风、低温天气下，司机需使用备用篷布完全或部分遮盖已装载畜禽的车厢，并适当保留换气空隙。

3. 热应激

热应激是指畜禽所处环境的温度长时间超过本品种要求的等热区上限时，畜禽体温调节及生理机能紊乱，而导致机体发生的一系列异常反应。由于畜禽种类和年龄不同，它们对环境温度的要求和对高温的适应性也有所差异，所以每种动物都有各自的等热区，在等热区内畜禽能表现出最佳的生产性能。在一般情况下，肉鸡的等热区为 10~28 ℃，蛋鸡的为13~25 ℃，乳猪的为 30~35 ℃，仔猪的为 20~28 ℃，育成育肥猪的为

16~26 ℃，母猪的为 16~22 ℃，公猪的为 14~25 ℃，产房内的适宜温度是 22~28 ℃，奶牛的为 10~15 ℃。发生热应激，畜禽的采食量、生长速度、生产性能、机体免疫力、产品质量、饲料转换率等都会受到不同程度的不良影响，严重时造成动物大量死亡。

（1）热应的激表现及应急治疗

炎热的夏季，畜禽在运输过程中而运输工具又无防暑设备、或处于通风不良的饲养舍内以及机体缺水，均会引起热应激，最直接的表现即中暑。中暑畜禽突然发病，通常表现为精神沉郁、出汗、四肢无力、眼结膜充血、张口呼吸、喘气，极度口渴、体温上升到 41 ℃以上。不同畜种的中暑表现又不尽相同。畜禽中暑后应及时抢救，急救措施包括降温、镇静、强心等，见表 2-6。

表 2-6　畜禽中暑症状及应急治疗方法

畜禽种类	中暑表现	应急治疗措施
猪	病猪呼吸急促，心跳加快，节律不齐；口有泡沫，不吃食，喜饮水；体温升高，四肢划动，或仰卧；瞳仁初散大，后收缩，最后昏迷倒地，全身痉挛而死	1）内服十滴水或薄荷水 10~20 mL，樟脑水 30 mL。 2）西瓜 1~2 kg，白糖 60 g，加冷水适量，搅拌灌服。 3）每千克体重肌肉注射 3 mg 氯丙嗪，用以降温，病情严重的，每头皮下注射或肌肉注射苯甲酸钠咖啡因（安钠咖）0.5~2 g
牛	病牛兴奋不安，张口呼吸，伸舌，眼结膜充血发红，瞳孔扩大，体温升高，心跳快而弱，步态不稳，倒地后不能起立	1）醋 500 mL，白糖 300 mL，用水调匀后灌服。 2）鲜马莲根 300~400 g，洗净后水煎，去渣，一次灌服。 3）绿豆粉 500 g，醋 400 mL，猪胆 1 个，用水调匀后一次灌服
羊	病羊精神倦怠，头部发热，出汗；体温升高，呼吸困难，步态不稳，四肢发抖；瞳孔初散大，后收缩，全身震颤，昏倒在地，多在几小时内死亡	1）静脉输入生理盐水或糖盐水 500~1 000 mL。 2）肌肉注射氯丙嗪 2~4 mL 或内服巴比妥 0.1~0.4 g。 3）西瓜瓤 1 kg（去籽），白糖 50 g，混合加冷水 500~1 000 mL，一次内服

续表

畜禽种类	中暑表现	应急治疗措施
鸡	病鸡呼吸急促,嘴张开,冠呈赤紫色,全身发热后变冷,严重时死亡	麦冬、甘草各 3 g,淡竹叶 12 g,生石膏 30 g,用生石膏磨水,其余药共煎水混合灌服,每只每次 10 mL,每天 1~3 次
鹅	病鹅体温升高,呼吸急促,精神沉郁,步态踉跄,站立不稳,食欲下降,甚至废绝	1)在中暑鹅脚梗充血的血管上,针刺放血,一般放血后 10 min 左右病鹅即可恢复正常。 2)用冷水缓淋鹅头部,并用 2%浓度的十滴水灌服,每只每次 4~5 mL,一般 20~30 min 后即可恢复正常
兔	中暑家兔表现全身无力,站立不稳,心跳加快,呼吸急促,拒食,很快倒地,四肢抽搐,眼球突出,死前尖叫	1)兔昏倒时,可用大蒜汁、韭菜汁或姜汁滴鼻,疗效显著。 2)西瓜心、白糖适量,加水调和灌服,可很快缓解症状。 3)用十滴水 2~3 滴,加水灌服,或人丹 3~4 粒用水送服预防中暑

（2）热应激预防

除了对症治疗，还应做好以下措施预防中暑。

1）保证充足清凉的饮水。热应激时的机体散热 80% 是靠蒸发。给动物使用深层地下水，添加电解多维效果更好；使用饮水器或者水槽的，如果有条件应每隔两小时清理管道或者水槽内温度偏高的水，使水管内的水保持清凉；要经常检查饮水器的出水情况，发现有堵塞及时修理，防止断水；每天对水槽进行清洗消毒，防止病原微生物滋生，降低疾病的发生。

2）降低饲养密度。应尽可能地降低饲养密度，这有利于动物个体散热。肉鸡控制在每平方米 7~8 只，蛋鸡每笼 3 只，母猪和公猪单笼饲养，育肥猪群每栏 10~12 头，每头猪平均占地 1.0 平方米。

3）每日清理粪便。高温时粪便堆积发热产生大量的氨气、硫化氢等有害刺激性气体，加剧应激反应，还容易引起畜禽的呼吸道疾病。

4）3~5 d 对环境喷雾消毒一次，不但可以杀灭环境中的病原微生物，同时可以降低舍内的温度。在热应激的环境下，要根据具体情况采取有效措施，以降低损失。

4. 冷应激

（1）冷应激的表现

在北方的冬季、早春或晚秋，体温调节机能不完善的雏禽、仔猪、羊羔、牛犊等都会因气温低或变化大而导致冷应激。根据低温作用时间的长短，通常分为急性冷应激和长期冷应激。冷应激使畜禽生长发育严重受阻，导致畜禽生产性能和饲料效率降低。在冷应激条件下，动物对能量的摄入从原来的维持生产转变为维持体温，适应了冷应激后，动物的饲料摄入量增加，基础代谢率增加，能量储备减少，异化作用加强，同化作用降低。同时，受冷应激影响，成脂酶活性提高而增加皮下脂肪，导致畜禽肉质下降，繁殖性能降低，若气温低于 13 ℃，蛋鸡产蛋量也将下降。

猪产生冷应激反应主要表现在怕冷、缩团以及寒战发抖、小便增多；体温降低，反应能力下降，有着迟钝、昏迷等现象。一般情况下，30%~65% 的同窝猪共同发病，其死亡率可达到 25%，严重的时候全窝死亡。观察死猪时，还能够发现它们两眼凹陷、脱水、体毛粗糙等；进行剖检，发现胃肠黏膜脱落，肠壁较薄，且肠管中存在着没有完全消化的饲料以及不成形粪便。

家禽产生冷应激表现为生长缓慢，饲料报酬降低，蛋鸡产蛋率明显下降，体温调节功能不完善的雏鸡死亡率非常高。

（2）冷应激预防

1）环境调控，精准控制环境温度。

改善饲养环境条件，主要加强畜禽舍周围防风设施和畜禽舍保暖性能，注意饲养舍缝隙、出粪口的遮挡，防止贼风侵袭。如果进入低温季节的话，要及时调整栏舍温度，保持温度在畜禽生长的适宜范围内。根据不同畜禽、品种、日龄对温度的要求精准控温，并对畜禽温度敏感部位给予特别关注，如仔猪腹部等。

保持圈舍干燥是获得良好温控环境的重要途径。保证饮水系统正常运行，防止滴漏，活体消毒时避免淋湿，必要时，舍内放置新鲜生石灰，可起到吸湿的作用。通风换气可降低空气湿度。根据温度、有害气体、粉尘浓度精准控制风机转速，保证一定的空气流速，使通风与控温有机结合。重点是做好进风口的设计，舍内气流分布既要考虑水平层面，也要兼顾垂直层面，防止冷空气直接吹向畜禽。

2）营养调控，添加抗冷应激物质。

注意每天的天气预报，在寒流来临前两天左右，适当增加饲料，通过提高饲料能量水平如添加油脂来满足畜禽对低温热量的需要，适当降低蛋白质含量，注意氨基酸的质量和数量，减少热增耗，减少氨气等有害气体的产生；在日粮中添加小肽能够提高畜禽的生产性能及免疫机能，还能提高畜禽在逆境中的生理平衡能力和减少圈舍中有害气体的产生。

给畜禽补充维生素 C 和维生素 E，维生素 E 具有良好的抗应激作用，在饲料中补充高于需要量的 3~6 倍可提高畜禽的抗病力，维生素 E 可通过抗脂质过氧化作用，提高机体的耐寒力；补充一定量的维生素 C 对抗冷应激是必要的，其补充量可为 100~200 mg/kg 体重。

注意饲料中不要缺碘、锌和硒，这些微量元素对于参与动物代谢、维持体温从而在抗冷应激方面起到重要作用，含碘盐中的碘按饲料配方基本能满足机体需要，硒可采用亚硒酸钠补给，按正常的稀释方法饮水，每周补给 1 次，在冷应激情况下，可每周补给 2 次。

复方丁氨丙磷溶液能显著降低冷应激肉雏血清肌酸磷酸激酶和碱性磷酸酶活性，显著提高血糖和血清甲状腺素含量，同时降低皮质醇含量，因而具有抗冷应激的作用。

使用黄芪、红景天、当归等中药能明显提高畜禽抗冷应激效果；根据畜禽养殖场饲养员介绍的经验，红糖加生姜熬制成温水服用也有较好的抗冷应激效果。

（3）应急处置

猪出现冷应激要及时提高猪的体温，避免出现低血糖，做好保温措施。可将其放在温度适宜的栏舍中，如果是仔猪，则要及时将其放入到保温箱中，促使尽快恢复体温，缓解猪的冷应激现象。对于家禽，应马上提高饲养舍的温度。

参考文献

[1] 王占文,邓力,于福贵,等.早春季节畜禽舍内有害气体产生的原因、危害及防控措施[J].中国畜牧兽医文摘,2017,33(1):100.

[2] 梁永,周小辉,谭斌.畜禽应激研究进展[J].国外畜牧学(猪与禽),2013,33(5):82~84.

[3] 吴艳萍.动物中暑的急救措施[J].兽医临诊,2006(8):42.

[4] 铎亚东,铎亚娟.治疗家畜内科病的三点体会[J].现代畜牧兽医,2006(11):37.

[5] 郭宝全.反刍动物前胃迟缓的诊断与治疗[J].现代畜牧科技,2015(7):160.

[6] 于世平.家畜急性出血性贫血的诊治[J].养殖技术顾问,2014(3):186.

[7] 张春江.家畜几种外伤的处理[J].养殖技术顾问,2013(1):118.

[8] 张金,石伟东.畜禽安全管理严防有毒植物中毒[J].饲料博览,2016(12):48-49.

[9] 郭福金.饲养舍内有害气体对畜禽的影响[J].畜牧兽医科技信息,2020(5):59.

[10] 丁爱奇.畜禽有机磷农药中毒及救治[N].中国畜牧兽医报,2015-11-8(7).

[11] 翟洪卫.畜禽三类家用化学品中毒的诊疗[J].畜牧兽医科技信息,2021(1):74-75.

[12] 张海良. 畜禽免疫接种的应急处理[J]. 浙江畜牧兽医,2014(4):47.

[13] 隋鸿园. 于新蕾. 畜禽中毒的原因及防治[J]. 当代畜禽养殖业，2020(9): 37-38.

[14] 王强. 畜禽霉菌毒素中毒的临床症状及治疗探析[J]. 畜禽业,2020(2):67.

[15] 邢玉宏. 饲料添加剂应用不当造成动物中毒的分析[J]. 养殖技术顾问，2014 (4):57.

[16] 王建华. 家畜内科学[M]. 北京:中国农业出版社,2003.

第 3 章

常见设施设备安全故障应急管理

Chapter 3

设施设备在畜禽养殖场内发挥着至关重要的作用，养殖生产的正常运转离不开设施设备的保驾护航，真正发挥设施设备的自身价值对提高养殖收益息息相关，因此，加强设施设备安全故障应急管理对于养殖场管理者和从业者都是一门必修课。

3.1　常见设施设备安全故障类型

畜禽养殖场常见设施设备安全故障按照类别和养殖环节可以分为以下几个类型。

3.1.1　建筑类设施设备安全故障

建筑类设施设备安全故障主要发生在畜禽养殖场内办公区、生产区、辅助生产区和配套设施上。

1. 办公区

办公区主要包括办公室、会议室、培训室、财务室、传达室等。

2. 生产区

生产区是畜禽养殖场的核心，主要是圈舍（奶牛养殖场还包括挤奶厅）。

3. 辅助生产区

辅助生产区主要包括锅炉房、车库、维修间、青贮窖、干草棚等。

4. 场区配套设施

配套设施有粪污处理设施、青贮窖、饲料仓库等。

上述建筑类设施设备易存在安全故障隐患的有料库、青贮窖、粪污处理设施，其中料库是否防火防潮、青贮窖墙体是否牢固、粪污处理设施中沼气池（罐）是否安全，这些都需要引起养殖场管理者重点关注。

3.1.2 电力类设施设备安全故障

电力类设施设备安全故障是指畜禽养殖场内办公用电、生产用电及辅助设施用电发生的用电安全故障，主要涉及变压器、配电箱、开关箱等。

1. 变压器故障

1）绕组和匝间绝缘故障。因长时间超负荷运行、散热不好、自然老化，变压器绕组绝缘部分容易老化脆裂，抗电强度锐减，造成短路冲击和绕组变形，绝缘部分有被击穿的风险。

2）铁芯绝缘故障。铁芯内部的硅钢片、绝缘漆膜、穿芯螺丝、压铁等部件损坏或者有铁屑、铁渣等杂质进入变压器，都会造成铁芯绝缘故障。

3）分接开关故障。分接开关接触面积不足会导致接触不良，引发短路，有烧坏变压器的风险。

4）引线绝缘故障。变压器的引线通过套管与外部相连，引线依靠套管自然绝缘，若套管封闭不严而进水，会使绝缘部分受潮而被击穿。

2. 配电箱、开关箱故障

1）配电箱用于养殖场内分级配电，其发生故障将直接影响分级配电。分级配电涉及的总配电箱和分配电箱必须防雨、防尘，便于专人维修和日常维护。

2）开关箱用于养殖场内用电设备开关，其发生故障将影响用电设备的正常使用，应配锁并由专人负责管理。

3. 辅助设施用电安全故障

1）产品不合格、用电设备质量低劣均会造成事故。

2）超负荷用电和私拉电线，在一个插座上安装过多插头，未及时清除插座上的灰渍，也易引发事故。

3）若用电位置浸水，首先应在安全位置切断电源，其次再将浸水的电线或用电设备搬移到干燥处，已浸水的相关用电设备，应处理妥当，检测合格后再行使用。

4）用电线路和设备检修时未断开电源也易引发事故。

3.1.3　饲喂饮水设施设备安全故障

1. 饲料加工设施设备

（1）粉碎机

粉碎机易发生的故障有：喂入辊和过桥间发生堵塞或缠绕、草节铡切长短不齐、机具振动。发生堵塞或缠绕的主要原因是喂入量过大，要及时清理堵塞、缠绕的草料。草节铡切长短不齐的主要原因是动、定刀片之间的间隙不均匀，可适当调整切碎间隙，亦有可能是刀片不够锋利造成，磨好刀片保持锋利即可改善铡切长度和均匀度。机具振动的主要原因是转子不平衡，避免新旧动刀混用即可解决。

（2）搅拌机

1）固定式饲料搅拌机常见故障有轴承损坏、搅龙叶片磨损。轴承损坏后会发出异响，此时必须更换，防止此类问题最好是有专人及时注入黄油。搅龙叶片磨损后要及时更换，磨损严重时甚至会使轴直接断裂。

2）牵引式饲料搅拌机在运行中，由于需要拖拉机牵引，连接处主要依靠传动轴，如操作不当极易造成传动轴损坏，例如未停止传动轴时转大弯、传动轴转动时有异物卷入。

3）自走式饲料搅拌机常见故障。自走式饲料搅拌机集成化程度较高，要注意取料器的操作要领，一定要控制取料深度；其高速运转时马上转向会造成液压系统损坏，进而导致整机停机。

（3）自动化配料成套设备

自动化配料成套设备常见故障主要包括称量不准确、输送带跑偏、配料机不受控制、不配料。

1）称量不准确一般是由于悬挂系统出现问题、称量系统和机架间的固定螺栓未被拆除、传感器有问题造成的，可通过重新调整配料机系统、拆除螺栓、对称量系统重新标定加以解决。

2）输送带跑偏产生的主要原因是主动、被动托辊轴不平行，通过调整张紧架即可纠偏。

3）配料机不受控制的原因是电源电压不稳定、电源或者其他电气设备干扰，可通过增加稳压器、清除周边电气设备并重新启动配料机控制仪电源解决。

4）不配料主要是电动机接线出现松动造成的，可通过检修电气控制线路解决不配料的问题。

（4）配套动力（拖拉机）

1）蓄电池故障。其包括极板硫化、自行放电和电解液消耗过快等故障。有极板硫化现象的蓄电池普遍表现为充不进电。满电的蓄电池闲置3天自行放电超过额定容量3%以上就可以定义为故障性自行放电，应及时查找故障原因，排除故障。电解液消耗过快的原因有很多，如电液外漏、充电电流过大等。

2）变速箱齿轮故障。其主要表现为：工作中有异响、挂挡或变速困难、自行掉挡、漏油等。有上述表现时，应及时对拖拉机变速箱进行检修。

3）漏油故障。其主要表现为壳体接合面处漏油、变速箱漏齿轮油、油箱供油开关漏油、油箱放油龙头漏油、油管喇叭口漏油、各操纵杆轴处漏油、曲轴箱渗漏机油、注油口和放油口漏油等。

4）轮胎故障。轮胎安全首先要关注轮胎气压，气压过高过低都会影响轮胎寿命。养殖场内拖拉机使用过程中急速起步、经常性紧急制动和急转弯都会加速轮胎磨损。拖拉机停放和保管不当，例如长期曝晒或者被油品浸蚀，同样会造成轮胎腐蚀变质。

2. 投料设备

投料设备常见故障主要有风机不转、投料间歇定时不准确、投料继电器吸合不放等。

3. 净水设备

净水设备故障一般有不制水或制水不正常、频繁启动、滤芯失效等。

1）不制水，一般通常是进水电磁阀未打开、滤芯堵死、过水不通畅或其他电路问题造成的。

2）频繁重启，一般是由于高压开关压力高，逆止阀返水。

3）压力不够、制水不正常，主要是由于达不到高压开关的停机压力。

4）滤芯失效，此时及时更换新滤芯。

4. 饮水设备

饮水设备包括鸭嘴式饮水器、乳头式饮水器、饮水槽等。

（1）鸭嘴式饮水器

鸭嘴式饮水器常见故障主要有回位弹簧不回位、密封圈老化、紧固螺钉松动脱落等现象，及时更换零配件和紧固螺钉即可解决相应的饮水设备故障。

（2）乳头式饮水器

乳头式饮水器常见故障有流水量过大造成动物饮水困难，及时降低饮水器内部出水压力即可解决。

（3）饮水槽

目前市场常见的饮水槽有电加热不锈钢饮水槽和聚乙烯保温饮水槽。饮水槽的故障主要有排水不畅、加热元件失效。工作人员要定期清理饮水槽的污垢，保证排水通畅和水槽干净整洁；要及时关注电加热部分的漏电保护器，以免漏电造成加热元件失效和触电事故。

3.1.4　卫生防疫设施设备安全故障

1. 隔离设施

为防止病原微生物进入畜禽圈舍或感染其他健康群体，要严格进行带病畜禽的隔离饲养，设定特定的隔离区域，直至带病畜禽个体完全康复且不再向外排毒或不再具有传染性，方可恢复正常饲养。隔离设施的消毒极为关键，要确保病原微生物被杀死和隔离设施的生物安全。

2. 消毒设施

畜禽养殖场常用的消毒方法有物理消毒和化学消毒。

（1）物理消毒

物理消毒包括简单消毒（清扫洗刷）、热力消毒（煮沸消毒、高压消毒、火焰消毒等）、辐射消毒。物理消毒的安全主要涉及操作人员在热力消毒过程中的人身安全，防止人被烫伤、灼伤。

（2）化学消毒

化学消毒包括喷雾消毒、浸泡消毒、喷洒消毒、熏蒸消毒、生物学消毒。化学消毒的安全主要涉及各种化学消毒剂的安全使用。使用化学消毒剂虽然能杀灭微生物，但应重视和防止其对人体和周围环境造成伤害。一方面，操作者需要注意个人防护，包括眼睛防护、手部防护、呼吸防护、全身防护；一方面，要注意化学消毒剂残留的问题，经过化学消毒剂处理的器具和环境的化学残留会造成污染。

3. 无害化处理设施设备

畜禽生产过程中会产生死鸡、死猪、死牛等畜禽尸体及其他连带废弃物，上述这些都可能携带病原微生物，需要采取消毒措施进行彻底消杀，最大限度降低和消除病害生物安全风险。畜禽尸体无害化处理要严格按照《病死及病害动物无害化处理技术规范》（农医发〔2017〕25号）执行。

病死畜禽无害化处理设备运行维护应注意如下事项。

1）只有储液槽内液位正常的情况下，喷淋循环泵方可运转，严禁循环泵空转。风机设备在完全正常的情况下方可运转。喷淋塔水泵不能缺水工作，低水位应高于循环泵进水口 10 cm 以上。

2）在正常运转中，活性炭吸附成套装置所有活动门须扣紧，过滤器阀门处于关闭状态。

3）如风机设备在检修后开动，必须注意风机各部位是否正常。

4）定期更换活性炭。饱和的活性炭吸附效率降低，应定期从人孔卸出，重新装上新的活性炭，更换周期为三个月。

5）定期更换储液槽内的碱液，碱液溶质为氢氧化钠，更换周期要根据实际情况确定。

6）定期检查 UV 光氧催化器内部光氧灯管及镇流器是否损坏，发现损坏应及时更换，以免影响处理效果。光氧灯管在工作 5 000 h 后需全部更换。

7）定期检查风机是否正常，防止风机轴承温度过高而损坏。

8）为保证人身安全，工作人员在活性炭吸附成套装置内作业时必须在停车时进行。

9）设备运转过程中，如发现不正常情况应立即进行检查，若是小故障应及时查明原因并设法消除，发现大故障应立即停车检修。

10）混风箱及除雾箱应在每班次工作完成后打开排水阀进行放水，放完水及时关闭。

3.1.5 环境控制设施设备安全故障

1. 环境监测设备

环境监测设备一般包括主控制箱、温度感应器、湿度感应器、水表感应器、料位感应器、调至解调器、报警装置及软件等。其故障主要体现在传感器上，发现数据异常时要及时查看传感器的状态。

2. 通风降温设备

通风降温设备主要有风机、湿帘。

（1）风机

风机故障主要表现在不能启动、反转、异响、振动等。

1）风机不能启动，一般是由于电源缺相造成的，应迅速分离开关并及时修复电路。

2）风机发生反转现象，应及时检查接线是否正确，若有错误及时纠正并交换接线位置。

3）风机有异响、噪声过大，很可能是因为风机吸入了异物，导致风机的主要部件产生噪声，进而影响排风，应及时停机并清除异物。

4）风机振动一般是由于机架安装不牢固、有松动造成的，应及时检修机架。

（2）湿帘

湿帘故障主要表现就是堵塞。堵塞物的来源包括水帘纸内的灰尘堵塞物、循环水水箱底部的灰尘沉淀物，随着循环水供水系统流向水帘的堵塞物以及来自供水管道的堵塞物。

3. 喷雾／喷淋降温设备

喷雾降温设备主要故障易发生在雾化喷头和压力泵处。喷淋设备故障主要表现为不喷淋或者喷淋不畅，大多发生在控制箱、电磁阀、喷头等部件处，可通过查看控制箱开关状况、清理电磁阀表面异物、清洁或更换喷头等方式改善喷淋情况。

4. 供暖设施设备

畜禽养殖场的加热设施设备主要有热风炉、燃油暖风机、电地暖、红外线灯、电热板等。

（1）热风炉

热风炉的故障主要表现为电机不转、点不着火、点着火后又熄火、冒白烟、烟囱滴水。

（2）燃油暖风机

燃油暖风机的故障主要有油嘴堵塞、电机转速慢、开机后冒烟。

（3）红外线灯

红外线灯的常见故障为使用一定时间后表面涂层容易老化发白，可进行更换或重新涂刷以确保加热效果。

（4）电热加温设施设备

电热加温设备主要包括中央电热发生器、管道、电热板，易发生故障的主要是中央开关和电热板，要经常巡检电热板发热情况。

5. 照明设备

照明设备故障主要是频闪，有无频闪是判断光源是否健康无害的重要标准。电子整流器故障、电压不稳、灯管老化都会造成频闪。

3.1.6　粪污处理设施设备安全故障

粪污处理设施设备包括自动刮粪设备、清吸粪设备、固液分离设备、沉淀池、氧化塘、沼气成套设备、沼气池、堆粪棚等。

1. 自动刮粪设备

自动刮粪板常见的故障有启动困难、牵引轮与绳索打滑、轴承座或转角轮过热、有异响等。

2. 清吸粪设备

清吸粪设备主要故障包括进污管道堵塞、防溢阀浮漂、水汽分离器浮漂、吸污罐杂物堵塞。

3. 固液分离设备

固液分离机的故障主要有主机空转和传动部位磨损。传动部位损坏较为常见，传动部位包括轴承位、轴承座、键槽及螺纹等。

4. 沉淀池和氧化塘

此处易发生人员掉入危险，其四周一定要设立防护栏并配备安全警示牌。

5. 沼气设施设备

养殖场利用畜禽粪污制沼气，使之成为清洁可再生能源，甚至可以为养殖场带来收益，但是在没有掌握其安全要领时，可能会有重大安全隐患，甚至会造成生命财产损失。夏季既是产气高峰期，也是沼气事故高发期，因此，加强沼气设施设备安全管理，切实提高操作者安全使用水平势在必行。

（1）进料安全

沼气发酵要做到安全发酵：要防止有毒、有害、抑制微生物生命活动的物质进入沼气池；防止产生剧毒——磷化三氢气体；防止加入的秸秆和青草过多；要防止碱中毒和氨中毒。

（2）设施安全

沼气池要配备安全警示标志，防止人员或畜禽掉进池内，造成伤亡事故；要经常观察沼气压力变化，防止压力过大进而引发事故。

（3）用气安全

用气安全要注意：第一，要远离易燃物品；第二，必须采用火等气的点火方式；第三，输气管路上必须装带安全瓶的压力表；第四，防止管道和附件漏气着火；第五，严禁在导气管上试气；第六，选用质量合格的沼气用具。

（4）安全检修

沼气的主要成分是甲烷、二氧化碳和一些对人体有害的气体如硫化氢、一氧化碳等。人吸入毒气后，会发生窒息性中毒、呼吸困难，甚至导致死亡，因此，沼气池的维护检修必须注意安全措施。首先，入池人员必须责任心强、身体健康，有一定的沼气安全技术基础。其次，维修任何相关设施前，必须关闭所有开关。第三，揭开活动盖后，要先除掉池内一部分料液，并使池内气体有足够时间挥发完毕。第四，下池维护沼气池，必须有专业人员现场指导，严禁单人操作，入池人员腰间绑定安全绳，有助手在池子外把握，一旦出现险情可及时拉出入池人员。

（5）安全防护

入池操作过程中，要有适宜且符合安全规定的照明设备，严禁使用打火机和火柴等明火照明。

3.1.7 畜禽产品收贮运设施设备安全故障

1. 挤奶贮奶设备

（1）挤奶设备

挤奶设备主要分鱼骨式、并列式和转盘式，也有挤奶机器人。目前挤奶设备常见故障有脉动器故障、真空压故障等。

脉动器功能异常，易发生挤压过度或漏气，从而造成奶牛乳房炎高发，因此要定期检查脉动器。判断脉动器是否正常的一种常用方法是，每次挤奶前提前打开挤奶装置，将手指插入奶杯，直接感觉奶衬的情况进而判断脉动器是否异常。

真空压故障主要表现为真空表功能异常、真空传感器功能异常、调节器功能异常和计量表不准确等。判断真空压水平是否正常的最好方法就是每天记录真空表的真空压水平，定期检测挤奶时杯组的真空压力，从而直观地发现故障问题并及时解决，以免损害奶牛乳头，导致乳头"开花"等损伤。挤奶设备需根据厂家要求，定期进行维护，确保设备正常使用。

（2）贮奶设备

贮奶设备包括直冷降温系统和快速制冷热能回收系统。直冷降温系统由压缩机组、水箱、换热器、贮奶罐、泵等组成，其中贮奶罐罐体和换热器要经常清理和查看。快速制冷热能回收系统要重点关注压缩机的工作状态是否能达到快速制冷的效果。

2. 自动集蛋设备

自动集蛋设备常见问题：一是有软蛋不能滚动，容易堆积在集蛋机出口与中央输蛋线连接处；二是产生破蛋，鸡蛋从集蛋机出来后滚往中央输蛋线相互碰撞进而破蛋。

3.1.8 智能化管理设施设备安全故障

现代化养殖场越来越专业化、集约化和规模化，将畜禽养殖用智能化的管理方式进行生产管理以提高养殖水平已经变得越来越普遍。因此畜禽养殖智能化管理设施设备的安全管理及故障排除，保证运行稳定、低成本和高可靠性，是养殖场亟待提升的重要方面。

1. 场区监控

养殖场区监控设备一般由前端摄像头、传输线路和控制显示设备组成。常见故障主要有图像不显示、无视频信号；图像不显示、有视频信号；图像显示不好、有干扰；图像卡死。

2. 生产监测

畜禽养殖生产监测通过光照、温度、湿度、日照、动物体征方面的传感器，对畜禽圈舍温室内的温度、湿度、光照强度、空气、氨气、日照、动物体征变化等参数进行实时采集分析，自动控制开启和关闭相应设备，实行 24 h 不间断监控，实现畜禽养殖的智能化管理。常见故障有设备损坏、供电不足、自动控制不灵敏、无视频信号等。

3.2 常见设施设备安全运行与维护

养殖场设施设备安全故障综合防控是指通过主观上提高设施设备管理者的思想意识，客观上运用现代安全科学技术，从根本上消除能够形成安全故障的主要条件，采取多种措施，形成最佳安全组合体系，达到最大限度的安全故障防控，在建立制度、安全设计和人员培训方面应做到以下几点。

1）建立安全生产管理制度。养殖场应该按照"管理生产同时管理安全"的原则，根据养殖行业设施设备性能参数和生产工艺要求制订相应的管理制度，包括设施规范建设管理制度、设备引进管理制度、设施设备安全使用制度、生产应急预案等。

2）加强设施设备的安全设计。许多场区事故是由于设施设备本身的原因或人体接触了危险点造成的，如增加安全距离，或采用自动控制并实现机械化便可有效保证人身及设施设备安全。

3）增加安全距离。如养殖场干草棚应远离维修车间、高压电线、燃油罐，不能与外界荒草地相连，以免发生火灾；行政管理区应与生产区分开；兽医管理区应远离生产区；病死畜处理场要与外界隔离，有独立的小门出入。

4）采用安全防护装置。当无法消除危险因素时，采用安全防护装置隔离危险因素是最常用的技术措施，如使用棚舍加固装置、风扇防护罩、防滑垫等。

5）采用机械化、自动化和遥控技术代替手动操作，如使用自动喂料机、自动清粪板、自动捡蛋机等。

6）安装保险装置。与安全防护装置稍有不同，保险装置能在设备产生超压、超温、超速、超载、超位等危险因素时，进行自动控制并消除或减弱上述危险，如安全阀、单向阀、超载保护装置、限速器、限位开关、漏电保护器等都是常用的保险装置。

7）对具体操作人员要定期宣讲安全防范和应急救援知识，提高设施设备使用者的安全防范意识，做好防火、防电、防机械损伤等。对于特殊设备，使用者还须经专业培训，持证上岗（对特殊设备，操作人员需有国家特定部门颁发的特种设备操作证），严格执行设施设备的操作规程。对于养殖场中的设施设备，使用和维修人员应做到"四懂"，即懂结构、懂原理、懂性能、懂用途；做到"三会"，即会使用、会维护、会排除设备故障。

3.2.1　建筑类设施设备的安全运行与维护

1. 生活区

生活区主要包括管理人员的办公用房、技术人员用房、员工生活用房、门卫用房和场区景观等，此类设施安全防控的重点在于设计及开工建设。

1）在用房建设时应按照相关建设规范开展施工，重要设施建设时应聘请符合资质的建设单位，同时兼顾畜禽生产实际需求。原材料应达到标准规定，操作符合施工要求。

2）督促施工单位做好安全生产工作，确保各项安全管理制度和安全措施落实到位，定期进行安全检查。在检查过程中时刻注意潜在的人为、自然风险，及时采取相应防范措施，规避、转移风险，杜绝任何安全事故的发生，确保建筑安全生产形势的稳定。

2. 生产区

生产区主要包括畜禽圈舍、挤奶厅、兽医室、采精室、青贮窖等，这类设施是养殖场的重点区域，在后期使用过程中，如建筑物出现裂痕或轻微损坏，应悬挂危险标识，告知此范围内的工作人员注意危险，迅速联系施工人员进行修补，防止损坏程度进一步加大，同时做好相关维修记录。建筑出现严重损坏或坍塌时，应迅速停止该范围内的作业，在一定范围安装围栏并悬挂危险标识，联系施工单位或生产厂家进行风险评估，确定修整或重建方案。根据应急预案，进行人、物及生产资料转移，首要确保人员生命安全，最大限度地满足生产的正常运转。

3. 辅助生产区

辅助生产区主要包括干草棚、精料库、锅炉房、维修车库等。该区靠近生产区负荷中心位置，建筑在满足使用功能的同时应满足生产流程的需要。设施应按照有关行业规范或标准进行建设，满足畜禽生产需要、生物安全需要和卫生防疫要求，充分考虑建设材质（需防火、绝缘等）、使用年限、建设工艺等内容，达到使用验收标准。如：干草棚应远离维修车间、高压电线、燃油罐不能与外界荒草地相连，以免发生火灾；贮存饲料的仓库应选择地势高、干燥、阴凉、通风良好和排水方便的地方，要注意防雨、防潮、防火、防霉变、防鼠等。

4. 场区配套设施

配套设施主要包括场区的道路、绿化和供水、供电、供暖设施等，特别注意道路承重性能和使用材料。如凡与牛行走通道垂直交叉的地方则应设置漏缝井，井上覆盖钢管篦子，以便奶牛顺利通过。

3.2.2 电力类设施设备的安全运行与维护

电力类设施设备的安全运行与维护应注意如下几点。

1）用电设备应配备漏电保护器，以确保人在使用电器时的人身安全。电器在使用时，应当有安全完整的外壳接地。电源插头和插座要安全可靠，损坏的不能使用；根据电器容量合理用电，避免超负荷使用。电源开关有破损、电线带电部分外露，应立即找专业电工修复。发现电线断落，应视为带电进行处理，应与电线断落点保持足够的安全距离，并及时报修。

2）避免线路有接头，如有不可避免的接头，应确保接触安全可靠。在触摸带电的电器之前要保证手的干燥，忌用湿布擦拭正在运行中的电器。电器在使用过程中，发生异味、异响等非正常情况时，务必立即停止操作并关闭电源，及时进行检修，确认能安全运行时方可继续使用。

3）倡导文明用电。办公室照明应做到及时关灯，部分电气设备长时间停用时应切断电源。台式电脑、空调等设备的出风口不可有遮挡覆盖物，并进行经常性清理，保持通风良好。电水壶等电热器件，必须远离易燃物品，用完后应关闭电源开关，最好拔下插头。

4）要购置经检验合格的用电设备，防止由于用电设备质量低劣而造成事故。

5）禁止超负荷用电和私拉电线，禁止在一个插座上安装过多插头，及时清除插座上的灰尘等。

6）遇到用电位置浸水，首先应在安全位置切断电源，其次再将浸水的电线或用电设备搬移到干燥处，对已浸水的相关用电设备应处理妥当，检测合格后再行使用。

7）对用电线路和用电设备进行检查和修理时，必须先断开电源，如遇到紧急情况，及时联系消防和供电等部门。

8）电源与自发电设备。电力供应是规模化养殖的先决条件，规模化养殖场应有专门的配电室，超大型养殖场应有自己的变电站。电压过高时照明灯泡消耗太快，电压过低时有些电机、电器无法使用，因此应对电力供应线路、变压器与配电柜定期检修。

规模化养殖场要自备发电设备，特别是采用密闭舍的养殖场必须自备发电机；发电机要定期试发电，绝对不能出现紧急时刻无法发电的现象；启动发电机的蓄电池应定期充、放电，保持蓄电池在任何时刻都有电，蓄电池长期不充、放电，对蓄电池使用寿命也有影响；自备发电机的功率有限，每次发电时要认真考虑什么项目必须供电，什么项目可暂缓或间歇供电，不要让发动机超负荷运行，否则会损坏发电机使用寿命；相关设备要从正规厂家引进，并有清晰的铭牌，包含设备名称、编号、生产商、运行参数等内容，此外还应明确保养方式、使用年限、运行条件等基本情况。

3.2.3 饲喂饮水设施设备的安全运行与维护

畜禽养殖场饮水喂料设备主要包括供水系统、饮水设备以及鸡、猪、牛、羊等不同畜禽供料系统和喂料设备。工厂化养殖场的饲料贮存、运输及饲喂贯穿于畜禽生产全过程。饲料厂加工好的饲料用专用运输车送到舍外的饲料塔，然后通过输料管线（管线中有搅龙）将饲料输送到食槽或自动料箱，食槽装满后，由于压力增大机器停止供料，当料槽饲料减少、压力降低时，机器感应到压力变小后继续送料。使用全自动喂料系统，要注意各环节的匹配与衔接，随时关注压力感受器的运行状态。此类设施设备发生故障，会使畜禽饮水采食受到影响，严重时会影响生产。

1. 饲喂设备

对于层叠式笼架系统，需要检查鸡群或进行其他操作时，可以站在踏脚轨道上；如果站在踏脚轨道上不够高，偶尔可以借用料槽的支撑，但是要注意正确的踩踏方法，两脚要分立在有挂钩支撑的料槽连接处两边，否则有可能出现踏坏料槽及挂钩等现象。鸡笼顶不能承受重物，无论在任何情况下，人不能踩在鸡笼的顶网上；鸡群出栏后要检查鸡笼的情况，发现有笼扣或扎笼钉脱落的情况要及时修理，以免出现更大的损坏。

2. 饮水设施设备

水源对于养殖场至关重要，一段时间的水源缺失可能会给养殖场户带来巨额经济损失。例如，当蛋鸡缺水时会出现体温升高和代谢紊乱等现象，造成饲料消化不良，蛋鸡的生长和产蛋均受影响，鸡体严重失水时甚至死亡。畜禽养殖场出现停水故障后，应立即派专人进行检修，查找故障。如水路发生轻微故障，则短时间内尽快抢修成功；如故障较大，应同时启动备用水源，保障正常生产，及时向相关水务部门报修，并根据修复时间合理安排备用水源的使用。

养殖场的水塔在使用过程中如果不及时进行清洗和消毒，会导致卫生条件差、淤泥沉积、细菌滋生。水源遭到病原微生物污染后没有及时处理而被畜禽饮用，或者处理过的水在输送贮存过程中受到二次污染，自来水管道供水的输水管道有可能存在细菌超标的问题，上述问题都会导致畜禽采食量下降、不明原因腹泻、育肥期生长慢等问题。发现此类问题后，要迅速组织专人采用化学法对供水系统进行消毒，采用的消毒剂应无毒，无刺激性气味，速溶于水并释放杀菌成分，对水中的病原微生物实现杀灭，恢复畜禽饮水安全。保持整体设施清洁卫生，定期进行检修、更换、除杂等工作。定期检查饮水器有无断水、溢水现象，若有则要查出原因，解决断水、溢水的问题。检查饮水管道各连接部位是否出现渗、漏水，并进行维修。

在畜禽养殖场，推荐使用自动饮水系统，其具有清洁卫生、节约成本等优点。尤其是养鸡场推荐使用乳头式饮水器。乳头式饮水器在使用中要伴随鸡龄增大逐步调高位置，检查饮水乳头是否有漏水现象并进行排除。当反冲过滤器使用一段时间后，滤芯会附着一定杂质，必须对滤芯进行冲洗。在水质比较差的地区，可能需要经常更换滤芯。

针对饮水管线的清洗，应该制定并执行正确的清洗计划以消除污垢、细菌、淤渣、硬水沉淀物等。在出现下列情况后，就必须对饮水管线进行冲洗：①每次加药后；②使用两周后；③出一批鸡后，进下批鸡前。在两批鸡之间应清洗供水系统。此时没有鸡只在饮水，所以可以使用效能较强的清洗液。特别重要的是，使用清洗液后，应该再使用清水彻底冲洗供水系统，以防在下一批鸡群进入鸡舍之前供水系统内残留高浓度的清洗液，根据实际情况，可添加 0.3% 浓度的醋酸溶液以增强冲洗效果。

水线具体清洗的步骤为：①按照配方配置清洗液；②将清洗液注满整个饮水部分；③使清洗液在整个饮水系统中保持 1~3 h；④使用高压清水冲洗整个系统。

水的质量对饮水系统也有影响，硬水会在饮水乳头器和供水器上产生沉淀物并降低其使用寿命。盐碱水对家禽饲养的供水系统危害极大，因此必须对盐碱水进行处理，以符合国家的饮用水标准。

3. 饲料搅拌设备

TMR（全混合日粮）饲料搅拌机能将饲喂奶牛的青干草、农作物秸秆、青贮饲料等各种粗饲料和精饲料等饲草饲料自动称重计量，直接剪切揉搓、搅拌混合。奶牛饲养采用 TMR 饲喂技术，能使奶牛采食的日粮饲料精粗比例适合稳定、各种营养物质浓度一致，满足奶牛营养需要，有利于提高奶牛的生产性能，并能避免奶牛挑食和营养不均衡的问题。

在使用过程中，首先要选好 TMR 饲料搅拌机和动力机的安装位置。长期固定作业的，应将其机组固定在水泥基座上；机组必须安装牢固，无松动现象；两机皮带轮应处在一条直线上，不得偏斜。待基座全部凝固后，再反复、系统、全面地对机组进行静态检查，然后进行动态空负荷试运转

3~5 min，若无异常现象便可投入正式作业。用电作动力的，应找电工对线路进行合理布局。用电线路和设施要规范整齐，不得私自安装和凑合使用。TMR 饲料搅拌机投入运行 10 d 左右后，应对传动轴、刀片等运转部件进行检查，对各连接螺栓进行紧固，检查各轴承是否润滑，如有卡滞、碰擦现象要及时排除。在运行过程中，要密切注意 TMR 饲料搅拌机的工作情况，若发现有振动、异响、轴承与机件温度过高和向外喷料等现象，应立即停机检查，排除故障后方可继续工作。出现堵塞、负荷过重时，应立即停机，严禁用木棍送料，以免损坏机器。每班作业完要对机组进行检查保养，使作业机组处于完好状态。对于奶牛场 TMR 饲料搅拌机的使用，操作人员要有必要的保养知识，因为不及时更换易磨损的零部件会影响搅拌机的工作效率，也影响搅拌机的使用寿命。

3.2.4　卫生防疫设施设备的安全运行与维护

卫生防疫设施是养殖场重要的基础设施，也是减少和避免疾病发生的基础，特别是在规模化、集约化的饲养条件下，显得尤其重要。目前，许多养殖场卫生防疫设施薄弱，安全防控措施不到位，是疾病难以控制的一个重要原因。只有建设完善的卫生防疫设施，才有利于卫生防疫制度的制定和执行，对疫病控制才能起到事半功倍的作用。此部分设施设备对于养殖场疫病防控关系重大，一旦发生漏洞，可能会产生不可挽回的经济损失。此类设施安全防控应做到以下几点。

1）明确相关规定。对于隔离、污物无害化、免疫接种等操作应明确相关规定，附属设施设备的设置与操作要按照规定执行。

2）建立应急预案和操作规程。应急预案中应明确防疫设施故障的种类、处置方式，可能产生的防疫危害及损害程度，同时对应急物资和生产物料贮备进行具体说明。

3）操作规程主要明确防疫设施设备的使用方法、操作步骤、设备维护检修等内容。

4）定期对饲喂用具、料槽和饲料车等进行消毒，可用 0.1% 的新洁尔灭或 0.2%~0.5% 的过氧乙酸消毒。日常用具如兽医用具、助产用具、配种用具、挤奶设备和奶罐车等在使用前后应进行彻底清洗和消毒。

5）兽医、繁殖器械的消毒可采用蒸汽压力锅消毒、高温干燥箱消毒、化学药物浸泡消毒等方法。采用蒸汽压力锅进行消毒时，应达到相应的消毒时间；将繁殖器械清洗擦拭后置于高温干燥箱中。经化学消毒的器械用前必须用蒸馏水反复冲洗两三次，消除可能残留的化学物质，保证消毒效果。

6）运输和保存不同疫苗的温度应有区别，应根据疫苗对温度的要求进行存放和运输。活的弱毒疫苗要保存在 -20 ~-15 ℃，避免反复冻融、温度过高和阳光照射；灭活疫苗保存的最适温度为 2~8 ℃，避免温度过高或冻结。

3.2.5 环境控制设施设备的安全运行与维护

畜禽养殖场环境控制设施设备主要包括风机、环境控制器、驱动电机等，用于采集栏舍内温度、湿度、氨气浓度等信息，通过控制器运算并输出控制指令，实现对栏舍内风机、湿帘、空调等设备的控制，保证栏舍内合适的空气质量、温度以及湿度，使栏舍内环境达到最佳状态。此部分设施设备是保障畜禽正常生产的必备条件，发生故障时，会使畜禽生产代谢功能紊乱，产奶量、产蛋率下降，严重时会导致生产终止，甚至会危害畜禽生命。此类设施安全防控应做到以下几点。

1）确保设施设备从正规厂家获得，有明确的设备使用说明、维护说明，厂家支持维修服务，使用者不得私自改装和加装。

2）配备贮备电源、贮备应急设备等。此类设备一般均需要电力设备供电，一旦发生断电，设备将无法运转。因此应增加电源贮备，配好相关适配器和电线，增加设备购置数量，用于应急替补等。

3）定期做好检修。按照设备维修维护说明，定期对设施设备进行检修，及时进行修补和替换，并做好记录，必要时可更换设备供应厂家或调整设备配置方案。另外，断电开启装置、报警装置、自启动发电机和发电机这四者相互配合，缺一不可，重点需要检查它们是否可以正常运行，因为只有在日常状态下拥有风险管控意识，才能避免在紧急情况下出现生产安全问题。

4）风机作为整个环控装置的动力源，其有效运行十分关键，要定期对风机扇叶和百叶进行清扫。如果风机内出现布满灰尘且未及时清扫的情况，扇叶和百叶的工作效率将直线下降，直接会导致风机风量降低50%，甚至更多，所以应定期使用空压机高压喷气清扫或低压水洗的形式对风机进行清理，并检查卷帘绳索、滑轮、绞车，并注意风机上油、紧皮带等问题。

5）夏季比较炎热时，要格外留意的问题是檐口进风口清理，受环境温度等影响。畜舍根据情况会安装纱网防止蚊虫进入，要注意其安装的位置，安装后要定期对纱网进行清理，原则是不要影响舍内环境通风。

6）在天气转凉时，随着天气的变化要注意加强相关加热器和管路的检查，特别是加热器的参数设置，要避免加热器中开启温度和温控器设置的温度一样，减少不必要的能源浪费。保持适宜的走廊预加热温度，不能过高，合适就好。另外，注意畜舍各处的气密性，要保证冬季舍内的保温和通风效果，检查最小通风设置，特别要注意变速风机的设置。

7）定期检查和清洁灯泡，损坏的灯泡要及时更换，畜舍尘埃很多，定期清洁灯泡才能保证畜禽获得有效光照；保证电源可靠、供电稳定，最好采用定时器控制开关灯时间，这样既能节省能源，又能节省人工。灯泡安装应稳定，不能因风而摇晃。

3.2.6 粪污处理设施设备的安全运行与维护

1. 暂存池

1）暂存池贮存粪污量不得高于池容量的 80%，应及时转移池内所收集的粪污。

2）使用泵转运粪污时，液位不得低于泵的最低液位线。

3）定期对池体的保护层进行养护和修补，定期对池内壁进行清洗和消毒处理。

4）严禁幼童在池体周边玩耍，以防发生安全事故。操作人员在池内工作时要注意防滑。

2. 集污池

1）水位不得低于泵的最低水位线。操作人员应及时清捞浮渣。清捞出的浮渣应集中堆放在指定地点并及时处理。

2）定期校正检修池内液位计、pH 计等仪表。池内沉渣积聚较多时应放空清理。室内池应注意通风。

3）放空清理或维修时，严禁工作人员随便进入具有有毒、有害气体的池内。凡对这类构筑物或容器进行放空清理、维修和拆除时，必须采取安全措施保证易燃气体和有毒、有害气体含量控制在安全规定值以下，同时防止人员缺氧。

3. 厌氧反应器 / 沼气池

厌氧反应器进料应按相对稳定的量和周期进行，工作人员应不断总结规律，以获得最佳的进料量和进料周期。

1）悬浮物含量高的发酵原料，进料总固体（TS）含量宜控制在 68% 以下。厌氧反应器宜维持相对稳定的发酵温度。厌氧反应器的搅拌宜间隙进行，在出料前 30 min 应停止搅拌。

2）采用沼气搅拌的，在产气量不足时，应辅以机械搅拌或水力搅拌等其他方式搅拌。厌氧反应器的搅拌不得与排泥同时进行。工作人员应对温度、产气量、化学需氧量（COD）、pH 值、挥发酸、总碱度和沼气成分等指标进行监测，掌握厌氧反应器的运行工况，并根据监测数据及时调整或采取相应措施。

3）厌氧反应器内的污泥层应维持在溢流出水口下 0.5~1.5 m，污泥过多时，应进行排泥；过少时，污泥可以从沉淀池进行回流。厌氧反应器溢流管必须保持畅通，并应保持溢流管水封和池顶保护水封的液位高度。

4）应定期对厌氧过滤器进行反冲洗，保持上流式厌氧污泥床反应器进水与出水均匀。厌氧反应器宜 3~5 d 清理检修一次，各种管道及闸阀应每半年进行一次检查和维修。搅拌系统应定期检查维护。定期校正检修厌氧反应器的测温仪、pH 计等仪表。寒冷地区，冬季应做好溢流管、保护装置的水封处理，做好设备和管道的保温、防冻工作，防止结冰。厌氧反应器停运期间，应保持池内温度为 4~20 ℃。厌氧反应器停用较长时间时，应定期搅拌。

5）厌氧消化器运行过程中，不得超过设计压力，严禁形成负压。厌氧消化器放空清理、维修和拆除时，严禁人员随便进入具有有毒、有害气体的厌氧反应器。在进行放空清理、维修和拆除时，必须采取安全措施保证易燃气体和有毒、有害气体含量控制在安全规定值以下，同时防止人员缺氧。

6）维护保养搅拌设备时，应采取安全防护措施。厌氧反应器 / 沼气池的运行管理和安全的具体注意事项应严格遵循《规模化畜禽养殖场沼气工程运行、维护及其安全技术规程》的相关规定。

7）废水厌氧处理设施发生故障，应将废水放至事故应急池，待废水处理设施抢修完毕后，再将应急池内的废水逐步纳入污水处理系统。应急池最少应能贮存两天的废水，上方加盖以防雨淋。池四周做好防渗处理，高度应高出周围平地 0.3~0.5 m，并在四周设截水沟，防止径流雨水渗入。

8）为微生物创造良好的环境，以防沼气细菌中毒停止产气。以下物质禁止进入沼气池：各种剧毒农药，特别是有机杀菌剂、杀虫剂以及抗生素等；喷洒了农药的作物茎叶、刚消过毒的畜禽粪便；大蒜、韭菜、苦皮藤、桃树叶、马钱子果等各种土农药植物；重金属化合物、盐类等。

9）如果发生停止产气，应将池内发酵料液取出 1/2，再补充 1/2 新鲜料液，使之正常产气。加入的秸秆和青草不宜过多，过多时应同时加入部分草木灰或石灰水和接种物，防止产酸过多，使 pH 值下降到 6.5 以下而发生酸中毒，导致甲烷含量减少甚至停止产气。加入过多的碱性物质，如石灰等，使料液 pH 值超过 8.5，沼气发酵则产生抑制。

10）沼气池的进、出料口要加盖，以防人、畜掉进池内，造成伤亡事故。要经常观察压力表上水柱的变化。当产气旺盛、池内压力过大时，要立即用气、放气或从水压间取出部分料液，以防胀坏气箱，冲开活动盖。如活动盖一旦被冲开，要立即熄灭沼气池附近的烟火，以免引起火灾。进出料要均衡，差距不能过大。加污水、加料入沼气池时，如加料数量较大，应打开开关，慢慢地加入。一次出料较多，压力表的水柱下降到接近零时，应打开开关，以免产生的负压过大而损坏沼气池。

11）进行沼气池的维护检修时，必须注意安全措施。首先，入池人员必须选择工作认真负责、身体健康的青壮年，其应经过一定的技术培训；凡体弱多病者、老弱病残者或其他疾病尚未恢复健康者不宜入池操作。其次，维修任何沼气设施前，必须关好所有沼气开关，以防沼气伤人。第三，揭开活动盖后，要先去除池内一部分料液，使进料口、出料口、活动盖口三口通风，或用鼓风的办法迅速排出池内的沼气。第四，如果下池维护沼气池，必须有专业人员现场指导，做到下池前打开活动盖和进出料口，清除池内料液，敞开 7~10 d，并向池内鼓风排出残存气体，后用小动物进行实验，无异常情况后方可进入。下池时工作人员必须系好安全带，同时池外要有专人看护，严禁单人操作。

4.A/O 处理池（厌氧／好氧处理池）

1）要定期更换缺氧区的弹性填料，确保 A/O 处理池内有适当水位，不能低于池体的正常工作水位，通过液位控制池水体不溢出。

2）操作人员应及时清捞浮渣，清理淤泥。日常检测电气设备的运行情况，是否有堵塞现象。定期检查 O 池内曝气设备、浮球、填料的状态并及时更换。操作员应密切关注活性污泥形状，发现问题时及时调节曝气量，避免活性污泥大量死亡。定期除渣、除沉淀物。

3）A/O 池需安装爬梯、安全标志牌和防护栏，且材质应为防腐结构。A/O 池安全操作应严格遵守沼气工程的安全技术规程；对于 O 池，在露天情况下可根据集水池的安全技术规程操作。

4）更换电器、维修电路时应确保完全断电，试通电应确保在完全不漏电的情况下操作。池内运行、维修操作时严禁单人操作。

5. 生态净化塘

1）保持生态净化塘的适当水位，水不能溢出池外，也不能低于泵的最低水位。

2）应适时清理生态净化塘的浮渣及浮游植物，采取措施控制气味扩散和蚊虫滋生；做好池墙、堤岸以及池底的维护工作，发现渗漏及时处理。

3）应定期清理池底积存的污泥。在人口密集的地方，定期检查和维护生态净化塘周围的防护栏和安全标志牌。

6. 沼气锅炉房／沼气厨房

1）操作人员应注意观察控制信号是否正常，并做好运行日志。信号显示设备或系统出现故障或系统处于危险状态时，应立即通知检修人员或运行管理人员。

2）操作人员应定时对电气设备、仪表巡视检查，发现异常情况及时处理。对各类检测仪表的传感器、变送器和转换器，均应按技术文件要求清理污垢。设备、装置在运行过程中，发生保护装置跳闸或熔断时，在未查明原因前不得合闸运行。

3）建立完整的仪表档案。控制设备各部件应完整、清洁、无锈蚀；表盘标尺刻度清晰；铭牌、标记、铅封完好；仪表井应清洁，无积水；控制室应保持整洁；定期检查、更换防潮剂；计算机应正常；室外检测仪表应设防水、防晒装置；严禁使用对部件有损害的清洗剂。

4）对长期不用的传感器、变送器应妥善管理和保存。应定期检修仪表中的各种元器件、探头、转换器、计算器和二次仪表等。仪器、仪表的维修工作应由专业技术人员负责。贵重仪器的维修工作应与专业维修部门或生产厂家联系处理，不得随意拆卸。列入国家强检范围的仪器、仪表应按周期送技术监督部门检定修理。非强制检定的仪表、仪器，应根据使用情况进行周期检定。

7. 自动清粪系统

该系统可以实现完全自动化，其工作原理是电动机带动机器上的钢绳或铁链，钢绳或铁链牵动刮粪板进行移动，将舍内粪液刮至粪沟，再从粪沟刮至集粪池。由于该系统造价较高，所以平时要注意设备的运行维护、定期检修，这样有利于延长使用年限。除粪机械主要有铲式、刮板式等刮粪机。地面平养肉鸡的粪便可采用铲车一次性清理，网上平养可采用刮粪机；笼养蛋鸡清粪机械有链式刮板清粪机、往复式刮板清粪机；层叠式笼养蛋鸡采用带式传送清粪结构。

带式清粪系统的基本组成有清粪机、头架、清粪侧板、清粪带及横向清粪装置和斜向清粪装置。鸡粪从头端往尾端输送，横、斜向清粪装置把鸡粪送到清粪车上。整个过程由清粪人员手动操作控制电箱来完成。

（1）清粪步骤

1）观察横、斜向清粪带是否正常。

2）观察纵向清粪带是否有偏移，电机是否正常，头架清粪拉紧装置是否正常，发现问题，尽早维修纠正。

3）启动清粪机时，不要同时启动所有的清粪带，需要根据鸡粪量的多少来确定启动多少条清粪带。通常情况下，每天清理一次鸡粪，把头尾架的残余鸡粪清理干净。同时观察清粪带的偏移现象，并及时处理、调整，确保生产安全。

（2）维护操作说明

1）在清粪的过程中发现头架拉紧装置清粪带有偏移的现象，应及时调节螺丝，使清粪带走到正常的运行位置。

2）发现有清粪带接口裂开时，要终止这一层的清粪运行，把断裂口运行到尾架处进行处理维修。对连接口进行连接时，要处理干净，不能有水珠、杂物及鸡粪。

3）当电机运行而清粪带不动或动一会儿的情况下，要调整尾架的压带轮，同时在头架拉紧清粪带，调整螺丝，使清粪带进入正常的位置；保持清粪带清洁并定期给电机、齿轮加油。

8. 格栅

格栅拦截的栅渣应及时清除。采用机械格栅清捞杂物时，应观察机电设备的运转情况。清除的栅渣应妥善处置。发现格栅部件故障或损坏时，应立即修理或更换。及时冲洗场地，保持格栅周围清洁。格栅机开启前，应检查机电设备是否具备开机条件。检修格栅机或清捞栅渣时，应有安全防护措施和有效的监护。

9. 污水污泥泵

1）开机前应进行细致检查，做好开机前的准备工作，并按泵的操作要求开机。

2）泵在运行中，必须严格执行巡回检查制度，并注意观察各种仪表显示是否正常、稳定；检查泵流量是否正常；检查泵填料压板是否发热，滴水是否正常;注意观察轴承温度。

3)泵机组不得有异常的噪声或振动。检查取水井水位是否过低,进水口是否堵塞。应使泵的机电设备保持良好状态。操作人员应保持泵站的清洁卫生,各种器皿应摆放整齐。应及时清除叶轮、闸阀、管道的堵塞物。

4)对于填料密封的水泵,应至少半年检查、调整、更换水泵进出水闸阀填料一次。备用泵应每月至少进行一次试运转。环境温度低于0℃时,必须放掉泵壳内的存水。对于输送高悬浮物介质的水泵,若需较长时间停用,停机后应及时清洗。

5)泵启动和运行时,操作人员不得接触转动部位。当泵房供电或设备发生重大故障时,应打开事故排放口闸阀,将进水口处启闭阀关闭,并及时报告主管部门,不得擅自接通电源或修理设备。操作人员在水泵开启至运行稳定后方可离开。严禁频繁启动水泵。运行中发现泵发生断轴故障、突然发生异常声响、轴承温度过高、压力表和电流表的显示值过低或过高、管道和闸阀发生大量漏水、电机发生严重故障等情况时,应立即停机。应保持泵房通风良好。

10. 固液分离机

1)按照固液分离设备各自的技术文件要求,开机前应做好检查准备工作。开机后应注意观察声音及各种仪表显示是否正常。调节流量,保证分离设备的工作负荷。固液分离设备工作时,应时刻观察固液分离设备的运转情况,发现故障应立即停车检修。

2)筛孔堵塞,应及时清疏;滤布破损,应及时更换。对分离、拦截的固形物质应及时清除,并应妥善处理和处置。固液分离设备出现故障或部件损坏时,应及时检修或更换。固液分离设备停机后应及时清洗、维护。

3)禁止从正在运转的分离(离心)桶内清理筛渣。严禁硬杂物进入机体,若发生异常声响,机器振动大,电机超载,应立即停车检查处理。检修固液分离设备高位水箱或高位布水槽时,应注意安全,并有有效的监护。

11. 沼气贮气和净化设备

1）汽水分离器、凝水器中以及沼气管道的冷凝水应定期排放，排放时应防止沼气泄漏。脱硫装置应定期排污。脱硫装置中的脱硫剂应定期再生或更换。冬季气温低于 10 ℃时，应采取保温措施。

2）定时观测贮气柜的贮气量和压力，并做好记录。沼气应充分利用，多余的需排放的沼气应用火炬燃烧。贮气柜的水封应保持设计水封液位高度。夏季应及时补充清水，冬季气温低于 0 ℃时应采取防冻措施。每半年测定贮气柜水封池内水的 pH 值。当 pH 值小于 6 时，应换水。检修沼气净化装置或更换脱硫剂时，应依靠旁通维持沼气输配系统正常运行。应定期检查贮气柜、输气管道是否漏气。贮气柜外表面的油漆或涂料应定期重新涂饰。贮气柜的升降装置应经常检查，添加润滑油。寒冷地区每年冬季前应检修贮气柜水封的防冻设施。贮气柜运行 3~5 年应清理、检修一次。

3）操作人员上下贮气柜巡视或操作维修时，必须穿防静电的工作服，不得穿带铁钉的鞋子。对贮气柜放空清理、维修、拆除时，工作人员必须采取安全措施。严禁在贮气柜钟罩处于低水位时排水。操作人员上贮气柜检修或操作时，严禁在柜顶板上走动。

3.2.7 畜禽产品收贮运设施设备的安全运行与维护

1. 挤奶设备

挤奶机应从专业、正规厂家购入。挤奶设备的数量及功能应符合牛群及行业发展需要。目前规模化挤奶设备以转盘式挤奶设备为主。转盘式挤奶设备要注意以下事项。

1）为了避免死亡或重大人身伤害事故，人员勿在转台运转或可能即将开始运转时进入入口 / 出口区域或转台。旋转转台、栏位、机柜、固定门、管道和栏杆之间，人有被卷入和挤压的风险。

2）所有要上台协助奶牛移动的人员都必须经过培训以避免该区域的有关危险。如轨道上通过的机柜存在压伤危险，人员需与运行的转台和机柜保持最少 600 mm 的距离；勿在蓝色高架横梁和警告标志下经过；当若干奶牛受限于一个小区域并将工作人员困于奶牛间或栏杆上时，就会存在压伤危险。

3）为了避免死亡或重大人身伤害，在移除覆盖物和暴露在旋转釜之前，将所有旋转釜的电源锁止。

4）为了避免死亡或重大人身伤害，在维修或维护转台前将控制器和驱动单元的电源隔离并锁止。必须停止转台以避免旋转部件、固定门、管道和栏杆之间出现卷入和挤压危害。

5）即使在关闭或断开电气元件连接后也务必不要向其喷水或冲水。电气元件上的水滴有可能导致触电事故并损坏设备。

6）操作和维修时为了避免重大人身伤害或死亡，勿让身体任意部位越过后护栏、脚踢护栏或中部护栏。转台上的配电箱旋转时离护栏很近，可能会割伤或压到越过护栏的身体部位。

7）检修时控制台上主电路断开开关和驱动单元上的局部绝缘体必须处于"关闭"位置。当上述开关处于"开启"状态时只能做目检。

8）当员工使用清洁用的化学品、油状物或润滑油时，务必佩戴手套、护目镜，穿着防护服。如化学品不小心接触到皮肤，用水妥善冲洗，如果接触到的皮肤出现灼热或疼痛加剧等情形，务必就医。

9）禁止使用溶剂、清洁剂、溶液和酒精接触设备的任何部件，否则有可能损伤挤奶设备。

2. 贮奶设备

1）奶牛场应配备专用发电机，当突然断电时，可及时供电，确保正常生产和生鲜乳品质。挤奶厅配备备用贮奶罐，当贮奶罐发生故障时可及时进行更换，防止生鲜乳变质、腐败给奶牛场造成损失。

2）贮存生鲜牛乳的容器应符合《散装乳冷藏罐》（GB/T 10942—2001）的要求。运输奶罐应具备保温隔热、防腐蚀、便于清洗等性能，符合保障生鲜乳质量安全的要求。

3）刚挤出的生鲜牛乳应及时冷却、贮存，2 h 之内冷却到 4 ℃ 以下保存。

4）生鲜牛乳挤出后在贮奶罐的贮存时间原则上不超过 48 h。贮奶罐内生鲜牛乳温度应保持在 2~4 ℃。

3. 自动集蛋设备

集蛋系统的基本组成有集蛋机、集蛋带、软蛋去除装置和中央输蛋线。自动集蛋设备要设置软蛋去除装置，在集蛋机鸡蛋出口与中央输蛋线连接处设置拨蛋器。中央蛋库启动中央集蛋系统后启动某栋蛋舍的集蛋机，集蛋时必须有人观察运行情况，防止有不明物（死鸡、笼门等）卡住集蛋机或者集蛋带过长卡死在压带轮上。定期（新机 15 d、老机 30 d）观察集蛋带是否过长，如过长必须剪掉一部分重新驳接，同时要定期给链条和电机加油。

3.2.8 智能化管理设施设备的安全运行与维护

要及时查看养殖场区监控设备的图像质量情况，同时定期组织对摄像头的摄像角度进行观察和调整，以满足监控需求。对养殖生产智能化监测的温度、湿度、光照强度、空气、氨气、日照、动物体征变化等传感器，要定期组织人员进行清洁和保养，保证传感器的正常工作和数据采集回传，有故障的传感器要及时组织专业人员更换。数据的集成分析等软件操作要由专人操作，并负责与软件厂商定期沟通反馈，及时发现软件问题，确保数据分析的正确性。

3.3 常见设施设备安全故障应急处置措施

畜禽养殖场设施设备出现故障或发生安全事故会直接影响到企业的正常生产，阻碍畜禽生长繁殖，严重的还会造成畜禽死亡，给养殖企业带来不能挽回的损失。快速、高效处置养殖场设施设备故障和安全事故、提升养殖场管理者解决突发事件的能力刻不容缓。

3.3.1 建筑类设施设备安全故障应急处置措施

1. 办公生活用房

1）办公、生活用房坍塌致人员受伤时，快速组织人员进行救治，第一时间控制伤情，同时拨打 120，防止因延误时间而造成人员死亡。

2）设施整体破坏严重，不能继续使用时，应当及时转移财物，同时组织维修人员进行修复，减少故障或事故带来的影响。

2. 饲养圈舍

饲养圈舍屋顶、门窗因灾害性天气而损坏出现安全事故时，应做到以下几点。

1）快速启动灾害应急预案，按照预案流程操作。

2）有畜禽受伤，应快速组织进行施救；组织人员快速维修，防止畜禽因设施损坏而造成继发死亡。

3）养殖设施整体破坏严重，不能继续饲养的，应当及时转移畜禽到其他圈舍饲养，同时组织维修人员进行修复，减少故障或事故带来的影响。

3.3.2 电力类设施设备安全故障应急处置措施

养殖场用电类型包括办公用电、生产用电和辅助设施用电。依据《电力安全事故应急处置和调查处理条例》，事故发生后有关电力企业应当立即采取相应的紧急处置措施，控制事故范围，防止发生电网系统性崩溃和瓦解。

1. 相关处置原则

1）事故危及人身和设备安全的，负责人员可以按照有关规定，立即采取停运发电机组和输变电设备等紧急处置措施。

2）事故造成电力设备、设施损坏的，有关电力企业应当立即组织抢修。

3）因短路、设备老化、使用不当造成停电的，应立即组织人员报电力部门抢修设备。

4）因人为不可抗力造成大面积停电、受灾情况，停电情况下，能够继续工作的岗位应继续完成本职工作；受停电影响的岗位，应立即停止工作，同时对该岗位启动应急预案，减少损失。

5）用电设备维修时，应两人以上参加，同时通知全场工作人员知晓，防止因拉闸造成其他岗位停工，或是其他工人合闸造成维修人员触电或伤亡事故。

2. 具体处置方法

（1）确定故障原因

电力系统发生故障时首先要确定故障原因。电力系统故障主要有短路故障、断相故障、复杂故障和自然灾害引起的故障，要因不同故障类型进行不同的故障应急处置。其中短路故障占大多数，出现短路故障时，要排查线路是否老化、电源是否过电压、是否有小动物跨接在裸线上、人为乱接线等，及时解除故障。

（2）启动备用电源

养殖场的电力系统一旦发生故障造成长时间停电，要立即派专人启动备用电源并进行场内全员通知。规模养殖场备用电源一般选择两套及以上自动发电机组，正常配电时带动养殖场内正常用电设备工作。发生电力系统故障时，机组自动化模块检测到正常供电停止的信号，自动启动发电机组，发电机组运行，向外发电，带动和保障用电设备工作。供电恢复正常时，自动化机组检测到正常供电信号，自动控制机组停止，怠速一段时间后，机组停止工作，用电设备恢复由正常供电带动工作。

（3）抢修损坏设施

在抢修现场，工作人员进行停电作业时，要关闭所有的隔离开关，避免突然来电。断电要从低压再到高压进行，防止电弧伤人。放电时，一定要使用绝缘棒进行操作，把电荷释放干净，不得与放电导体直接接触。验电前，要检查验电设备是否完好，确认后，再逐渐靠近带电体，不能直接接触设备带电体。

（4）停料应急处置

因电力系统故障发生停料的，备用电源启动后要及时排查料线的运行情况，如遇到料线个别环节出现问题的要及时调整修复；料线不能正常运行的，要及时组织人力进行抢修。

（5）停暖应急处置

因电力系统故障造成停暖的，备用电源启动后要及时关注畜禽舍内的温度是否能满足正常生产需要，温度不达标的要采取热风机等其他补暖措施跟进。

（6）通风降温不良应急处置

养殖过程通风降温至关重要，夏季的高温天气会使封闭的养殖区内温度和湿度变高，一旦设施停止工作，马上就会出现高温和通风不畅通的现象。备用电源启动后要及时观察通风降温设备是否能正常运转，并测试温、湿度是否满足正常生产需要。

（7）孵化场应急处置

孵化场因电力系统故障突然停电，需要立即启动备用发电机，如遇到没有备用电源或备用电源也不能启动的特殊情况，工作人员要根据舍内温度、预估停电时长采取相应的应急措施。如停电时间短，且舍内温度较高，可不采取相应措施；如停电时间长，一定要采取措施保持舍内温度稳定在一定的生产温度，同时要注意关键部位的超温问题。可用眼皮试蛋温，烫眼说明温度过高，要及时调整蛋盘位置。如室内温度较高，种蛋处于早期发育阶段，也可不采取措施；如为中后期，一定要打开机器门开关降低温度。待正常供电后要及时恢复工作状态。

3.3.3 饲喂饮水设施设备安全故障应急处置措施

1. 饲料加工设施设备故障应急处置

1）将饲料喂入料箱过程中误操作将饲料压得过实时，工作人员应及时下车提醒，并停机查看搅龙损伤情况，如搅龙不能正常使用，更换后方可正常作业或立即启动备用搅拌机，保障畜禽饲料供应及时、充足。

2）牵引式饲料搅拌机在正常搅拌作业时如发生配套拖拉机误挂倒挡造成传动轴反转的，应迅速停机检修，查看传动轴损伤情况和搅拌车内部搅拌情况，待传动轴无异样或更换后方可再次作业。

3）对固定式饲料搅拌机的搅龙等部件维修时，应保证两名以上专业人员同时在场进行维修，同时对电闸进行专人保护，防止因人为合闸造成次生事故。

2. 自动化配料成套设备故障应急处置

1）配料机发生不受控制现象时，首先重新启动配料机控制电源，并清除其周边电器干扰，如果不能解决再增加稳压器进行开机调试。

2）输送带发生跑偏现象后要立即停机，迅速检查张架是否紧固好或者主、被动托辊轴不平行，并相应采取调整措施，排除故障，保障输送带正常输送。

3）称量发生不准确现象时要重新调整，拆除螺栓，对称量系统重新标定。

3. 净水设备故障应急处置

净水设备发生不制水或制水不正常、频繁启动时，要及时停机检修，查看进水电磁阀是否打开、滤芯堵塞还是失效、高压开关的压力情况；滤芯应有一定贮备，对症排除故障后实现恢复正常净水功能。

4. 饮水设备故障应急处置

1）对于鸭嘴式饮水器，发现回位弹簧不回位、密封圈老化时，要及时更换零配件并逐一排查紧固螺钉，解决饮水器故障。设备应有一定的回位弹簧和密封圈配件贮备。

2）乳头式饮水器发生流水量过大造成动物饮水困难时，要及时调整降低饮水器内部的出水压力。饮水槽排水不畅时要及时清理污垢，保证排水通畅和水槽洁净。其加热元件失效时，及时检查电加热部分的漏电保护器装置，已经发生漏电的及时组织专业电工妥善处置，修复后再行使用。

3.3.4 卫生防疫设施设备安全故障应急处置措施

1. 隔离设施安全应急处置

发生病原微生物进入畜禽棚舍或感染其他健康群体的情况时，要对隔离设施及周边环境进行全面消毒，并视具体情况妥善处理带病畜禽，直至确保隔离设施内病原微生物被杀死，恢复生物安全状态。

2. 消毒设施安全应急处置

畜禽养殖场在物理消毒过程中发生安全事故的，包括清扫洗刷、煮沸、高压、火焰、辐射等方式，涉及人身安全如烫伤、灼伤，要及时组织人员科学施救，使受伤人员及时就医。在化学消毒过程中（包括但不限于喷雾消毒、浸泡消毒、喷洒消毒、熏蒸消毒、生物学消毒），因化学消毒剂浓度等因素对人体和周围环境造成伤害的，还有化学消毒剂残留对空气、器具形成污染而不能正常使用的，要及时采用化学中和法、过滤冲洗法或稀释法等方式去除化学消毒剂。

3. 诊疗设施安全应急处置

诊疗设施出现损坏的情况下，组织人员对药品及器械进行处理，防止药品、器械继续损坏；对已经被污染的药品或损坏的器械，应立即隔离放置，并及时清理，防止污染场区。

4. 无害化处理安全处置

由于防范意识缺失，某些个人和养殖场对畜禽的死亡情况不报告，没有对死亡畜禽做规范化处理，直接丢弃，从而给周边环境和居民造成较大影响的或不规范掩埋造成地下资源污染的，要对非法处理病死畜禽的个人或养殖场给予严肃处理与整治。尤其是对随意抛弃病死畜禽及进行非法病死畜禽交易的个人或养殖场，应严格遵照 2021 年 1 月 22 日修订通过的

《中华人民共和国动物防疫法》追究其刑事责任，同时按照《病死及病害动物无害化处理技术规范》的规定对畜禽尸体再次进行规范性处置，对于畜禽尸体途径的周边环境进行严格的全面消杀。

发生一类疫病时，应当及时报畜牧兽医行政管理部门，由其派专人到现场，划定疫点、疫区、受威胁区，采集病料，调查疫源，并及时报请人民政府决定对场区实行封锁，将疫情等情况逐级上报农业农村部畜牧兽医行政管理部门。畜牧兽医行政管理部门应当立即组织有关部门和单位采取隔离、扑杀、销毁、消毒、紧急免疫接种等强制性控制、扑灭措施，迅速扑灭疫病，并通报毗邻地区。在封锁期间，禁止染疫和疑似染疫的畜禽流出场区，禁止非疫区的畜禽进入场区，并根据扑灭动物疫病的需要对出入封锁区的人员、运输工具及有关物品采取消毒和其他限制性措施。封锁的解除必须由发布封锁令的地方人民政府宣布。

发生二类动物疫病时，畜牧兽医行政管理部门应当根据需要组织有关部门和单位采取隔离、扑杀、销毁、消毒、紧急免疫接种，限制易感染的动物、动物产品及有关物品出入等控制、扑灭措施。

发生三类动物疫病时，应由政府按照动物疫病预防计划和国务院畜牧兽医行政管理部门的有关规定，组织防治和净化。

3.3.5 环境控制设施设备安全故障应急处置措施

1. 通风降温设备故障应急处置

圈舍内的风机发生异响、振动时应及时停机并检查清除异物，同时检修机架，确保安装牢固，排除异响和振动。

1）湿帘发生堵塞时，要及时清除水帘纸内的灰尘堵塞物、循环水水箱底部灰尘沉淀物，清除供水管道的堵塞物，保证湿帘的正常功效。

2）喷淋对于奶牛的热应激改善至关重要，喷淋设备发生不喷淋或喷淋不畅时，要检查水压，并及时清洁或更换喷头，保证喷淋效果。

2. 供暖设施设备安全故障应急处置

热风炉在运行中如发生炉温过高或者火焰外溢，经操作人员按操作规程及时采取故障排除措施无法控制事态的，操作人员要第一时间按下急停按钮并向养殖场管理者报告，说明事故现场和处理情况再行组织修复。

3. 照明设备故障应急处置

照明设备发生频闪或不能照明时，要及时检修电子整流器和灯管老化情况，有必要的更换灯管。

3.3.6 粪污处理设施设备安全故障应急处置措施

粪污处理设施设备涉及的环节较多，包括自动刮粪设备、固液分离设备、沉淀池、翻抛设备、暂存池、氧化塘、沼气池、堆粪棚等。

粪污处理设施设备发生安全故障后，应立即停止相关工作，清点工作人员，确保人员安全。在保证安全的情况下，组织专业人员对设施设备进行检修。

遇到集粪池、管道等易出现硫化氢中毒危险的设施设备检修，工作人员应穿防护服、佩戴防毒面具等防护用品，防止出现维修人员中毒、受伤情况。

1. 粪污处理设备故障应急处置

1）刮板清粪机的牵引轮与绳索打滑，可通过调整、更换绳索及清除粪道中的异物等方式进行排除。

2）自动刮粪板启动困难时，可通过更换电源线、轴承和排除异物等方式进行排除。

3）全自动刮粪机轴承座或转角轮发生过热现象，可通过更换轴承、清洗检查、注入润滑油等方式进行排除。

4）清粪机有异常声响，可通过更换轴承、清洗检查、注入润滑油、更换或维护等方式进行排除。

5）刮粪机牵引轮不转，可通过更换损坏链节或链条、更换损坏链轮、重新安装等方式进行排除。

2. 固液分离设备故障应急处置

1）固液分离机出现爆响时，可能是设备内物料发生堵塞或设备内部温度过高，造成内部起火。发生物料堵塞后，应立即停机并组织人员及时清理，设备内部温度过高时要减少燃料供给，进而使设备的温度降低，恢复正常生产。

2）设备内物料发生着火时，绝大部分是因为烘干环节物料超出承载量或原料吸不走，要合理调整更换烘干设备，增加风压。

3）设备发生漏气造成风压低导致成品物料不能正常出料，很多时候是因为安装不符合规范，要及时按照规范要求检查进行相应调整。

4）湿物料一次烘干不达标时，应及时调整处理量，当风网风压、流量计算有误时，生产企业配合重新计算风压、流量，再根据实际情况进行改变。

5）设备筒体发生振动，很可能是托轮装置和底座连接处发生损坏，要及时校正加固；如滚圈侧面发现磨损，要及时进行车削或更换。

3. 翻抛机故障应急处置

1）查看粪层超过厚度的，要去除多余的粪层。

2）叶片或轴发生严重变形的，要及时检修和更换叶片或轴，有异物缠绕的及时清除异物。

3）传动齿有异物卡住或损坏，可通过排除异物或更换齿轮解决。

4）行走不平稳、减速机有噪声或发热，由于行走齿轮或齿条内有异物，清除异物即可解决。

5）电机启动困难或不能启动，很有可能是电路缺相、电压过低或过高，及时检查电路，待电压正常后再启动翻抛机即可解决。

4. 沼气设施安全应急处置

1）当沼气发生泄漏时，首先要关掉阀门，第一时间上报。如果阀门损坏，可用麻袋片缠住漏气处，或用大卡箍堵漏，更换阀门。若是管道破裂，可用木楔子堵漏并组织紧急抢修。

2）积极抢救遇险人员，让窒息人员立即脱离现场，到户外新鲜空气流通处休息。对呼吸停止者应进行人工呼吸，待其呼吸恢复后，立即转运至附近医院救治。

3）及时防止燃烧爆炸，迅速排除险情。现场人员应把主要力量放在对各种火源的控制方面，为迅速堵漏创造条件。对沼气已经扩散的地方，电器要保持原来的状态，不要随意开或关；对接近扩散区的地方，要切断电源。用开花水枪对泄漏处进行稀释、降温。进入沼气泄漏区的排险人员严禁穿带钉鞋和化纤衣服，严禁使用金属工具，以免摩擦碰撞产生火花或火星。

4）当沼气引起火灾或爆炸时，要立即报警并科学处置。进行事故处置前，首先要了解和掌握沼气设施的形状、大小、深度和被困人员的数量、身体情况以及周边环境；其次，要立即制订详细的救援行动方案，划定警戒区域并设置警戒线，最好分工合作。救援人员要装备齐全，包括防化服、空气呼吸机、防爆照明设备、安全绳等，同时报120或请最近的医疗急救人员到现场协助救援行动。救人过程中，出入口处要有专人接应，与救援人员随时保持联系并掌握进度，对被救出的人员应由医疗急救人员急救。现场检查、清理沼气设施，防止二次事故发生。

5. 污水事故排放应急处置

污水处理设施发生故障时有以下事故可能发生：由于构筑物机械安全性及基础安全性而导致处理设施发生破裂、污水处理效率降低、排污管道发生爆裂等。

（1）污水处理设施泄漏事故排放应急处置

由于建筑物机械安全性及基础安全性而导致处理设施发生破裂，全场立即停止运行，不增加废水量，立即关闭送污水处理厂的阀门，不允许废水排放。待事故处理后，污水重新处理后排放。若未经处理的废水泄漏量较大，大面积污染场区纳污水系时，及时上报环境主管部门，专业环境监测人员对养殖场排污口上下游水质进行监测分析，判断污染程度并采取防治措施。

事故处置可按如下程序进行：停止作业，关闭有关机泵、阀门；按报告程序报告；控制一切火源，在变电所切断泄漏区域电源；派人员监测污水浓度；划定警戒区域，疏散无关车辆、人员，控制无关人员进入现场；准备消防器材、设备，做好扑救准备；检查污水、雨水排水阀，确认处于关闭状态；组织人员使用堵漏工具、材料控制泄漏；检查封堵，防止污水外流；泄漏控制后，冲洗清理现场。如物料流入河内时：一要联系通知水务部门，控制泄漏污染随水流的扩散情况；二要联系环保部门协助处置；三要联系水域附近的企业单位、居民，通报情况，告知其做好应对水环境影响的措施；如果发生沉淀，需要在物料泄漏得到控制后，将底泥挖出，消除对环境的影响。

（2）污水处理设施处理效率降低应急处置

场区污水处理设施发生的事故的原因多为操作运行不当，或污染物浓度突然发生变化，致使污水处理效率降低。若污水处理设施发生故障，应立即关闭阀门，并立即停止污水处理生产，检查污水处理设施发生故障的原因。

（3）污水输送管发生破裂应急处置

当污水输送管道发生破裂时，会影响周围环境，污染周围土壤和地下水等。此时，应立即停止污水输送，积极抢修，并把废水暂存于事故废水贮存池。若管道修复时间较长，应立即停止生产，待排污管道修复后重新生产。此外，停产检修期间需进行试压检查，日常应加强巡查，管道系统均需安装压力表，进行日常记录，发现压力异常进行检查，发现泄漏立即修复。

3.3.7 畜禽产品收贮运设施设备安全故障应急处置措施

畜禽产品收贮运设施设备安全故障应急处置措施如下。

1）遇挤奶设备脉动器故障，要迅速检查真空导管开关是否打开、脉动频率调整螺栓是否拧紧和通气孔是否堵塞。

2）真空度达不到要求时，及时检查真空罐密封件是否漏气，贮备一定数量的密封件，如有漏气及时更换。

3）贮奶设备压缩机发烫、制冷量下降或者回气管路不结霜、不冒汗时，应及时检查制冷系统是否缺氟并及时补加，保证生鲜乳贮存设备制冷保鲜。

3.3.8 智能化管理设施设备安全故障应急处置措施

智能化管理设施设备安全故障应急处置措施如下。

1）养殖场区监控设备发生图像不显示、有干扰、图像卡死等现象，应及时组织对故障摄像头位置进行排查，排除摄像头故障的软件问题，报专业人员维修。

2）养殖生产智能化监测的温度、湿度、光照强度、空气、氨气、日照、动物体征变化等传感器发生故障的，应迅速停止其数据采集并拆除相应故障传感器，待修复或更换后再行数据采集。

3.4 场区消防事故应急处置措施

养殖场应当按《中华人民共和国消防法》等的规定，自行制定本场消防应急预案。发生火灾事故，应立即启动"应急预案"。发生火灾事故，应在发现的第一时间，立即报告养殖场负责人并报警，现场组织人员进行自救灭火，火灾现场指挥人员随时保持与现场人员联络，根据情况调配人员，防止火情扩大。救火过程中，人员应注意自身安全，无能力自救时相关人员应尽快撤离火灾现场。有条件的养殖场每年可进行1~2次消防演练。

3.4.1 电力火灾

遇到电线、电气设施等电力火灾，应首先切断供电线路及电气设备电源。电气设备着火，灭火人员应充分利用现有的消防设施、装备器材进行灭火，尽可能及时疏散事故现场有关人员，抢救火源周围的物资。着火事故现场由熟悉带电设备的技术人员负责灭火指挥或组织人员进行扑火。

扑救电气设备火灾，要选用干粉灭火器或二氧化碳灭火器，不得使用水、泡沫灭火器灭火。灭火人员最好穿绝缘鞋，戴绝缘手套或者防毒面具等加强自我保护。消防人员到达后，积极配合消防部门灭火抢险。

3.4.2 燃气火灾

遇到燃气泄漏造成的燃气火灾，应首先迅速将患者移离中毒现场至通风处，松开其衣领，注意保暖，密切观其察意识状态，及时、有效给氧。对轻度中毒者，可给予氧气吸入；对中度及重度中毒者应积极给予常压口罩吸氧治疗或高压氧治疗；对重度中毒者，立即拨打 120 或组织专人专车送医。遇到有可能形成有毒或窒息性气体火灾时，救援灭火人员应佩戴氧气呼吸器，以防中毒。消防人员到达事故现场后，积极配合专业消防人员完成灭火任务。其他人员应尽快疏散，尽量通知到应撤离火灾现场的所有人员。在火灾的烟雾中，人员尽可能用湿毛巾掩鼻，低头弯腰撤离火场。

3.4.3 草料火灾

遇到草料库火灾，火势较小的应急处置方法包括：用消防毯覆盖灭火，用铲车铲运沙土覆盖，用专用灭火器材扑救，用铲车移除附近干草，防止火势扩大。迅速启动消防泵，连接水带、枪头，准备用水灭火，同时等待消防车赶赴火灾现场。

火势较大的应急处置方法如下。用铲车铲运沙土覆盖，用专用灭火器材扑救，用铲车移除附近干草，防止火势扩大。迅速启动消防泵，连接水带、枪头，准备用水灭好。使用消防车灭火，疏散人员，设立警戒区，禁止无关人员靠近，同时尽可能采取措施隔离易燃易爆品，避免火情二次扩大，同时减少因火灾造成的损失。

3.4.4　圈舍火灾

遇到畜禽圈舍着火，火势较小的应急处置：首先切断圈舍电源，积极组织人员用消防毯、专用灭火器材扑救，视情况迅速转移存活完好的畜禽，同时等待消防车赶赴火灾现场。

火势较大的应急处置：首先切断圈舍电源，积极组织人员用消防毯、专用灭火器材扑救，有条件的要隔离开起火圈舍和未起火圈舍；使用消防车灭火，疏散人员，设立警戒区，禁止无关人员靠近；同时尽可能采取措施隔离易燃易爆品，避免火情二次扩大，同时减少因火灾造成的损失。

3.4.5　人员安置

现场抢救受伤人员的处置方法如下。被救人员衣服着火时，可就地翻滚，也可用水或毯子、被褥等物覆盖灭火。受伤人员伤处的衣、裤、袜应剪开脱去，不可硬行撕拉，伤处用消毒纱布或干净棉布覆盖，并立即送往医院救治。对烧伤面积较大的伤员，要注意其呼吸、心跳的变化，必要时进行心脏复苏。对有骨折出血的伤员，应作相应的包扎和固定处理，搬运伤员时，以不压迫创面和不引起呼吸困难为原则。可求助附近或过往车辆，将伤员送往附近医院进行抢救救治。抢救受伤严重或在进行抢救伤员的同时，应及时拨打急救中心电话（120），由医务人员进行现场抢救伤员的工作，并派人接应急救车辆。

3.4.6 灾后处置

灭火结束后，注意及时保护好现场，并积极配合有关部门的调查处理工作，同期做好养殖场伤亡人员的善后工作。待调查处理完毕后，经有关部门同意后，组织人员进行现场清理，结合实际损失情况尽快恢复生产经营活动。

参考文献

[1] 中华人民共和国农业农村部. 病死及病害动物无害化处理技术规范[Z].201 7-07-20.

[2] NY/T1221—2006.规模化畜禽养殖场沼气工程运行、维护及其安全技术规程[S].2006.

[3] 赵伟,郭洪波,郑雯. 现代农业育肥猪养殖设备管理现状与维护对策[J]. 今日畜牧兽医,2021,37(3):50.

[4] 中华人民共和国国务院令第 599 号. 电力安全事故应急处置和调查处理条例[Z].2011-07-07.

[5] GB16548—2006.病害动物和病害动物产品生物安全处理规程[S].2006.

第4章

人员安全事故应急管理

Chapter 4

4

我国是世界畜牧业大国，尤其是改革开放以后，经历了从畜产品供给严重短缺到主要畜产品产量稳居世界首位的过程。伴随着行业迅速发展，一些畜牧业安全生产事故时有发生，虽有偶然因素，但更多的是人为灾害事故。这些安全事故不但对畜禽的生命造成威胁，也影响了从业人员的生命健康安全。因此，加强畜禽养殖场从业人员的安全防护和事故后的应急管理工作十分必要。

4.1　人员安全事故隐患

当前，畜禽养殖随着饲养水平的提高和设施设备的提升，生产运作与传统养殖相比越来越复杂，但是生产一线人员的理论认知水平和实际操作能力均有所滞后，进而易造成较多的安全事故隐患。常见的畜禽养殖场人员安全事故隐患包括以下几类。

4.1.1　直接安全隐患

直接安全隐患是指在饲养过程中，由于操作不当或与携带传染病或寄生虫病的动物直接接触后继发引起人员安全受到威胁的隐患，包括动物伤害和机械性伤害。动物伤害指养殖场从业人员对畜禽进行饲喂、活体免疫、样品采集、治疗诊断等日常工作时，被患病的动物抓伤、踢伤、咬伤或者动物患有如狂犬病等具有攻击性行为的疾病发病时对人员所造成的暴露伤口伤害。机械性伤害是指从业人员在开展日常工作时，由于操作失误造成的职业暴露，如注射器刺伤、解剖器械割伤、饲喂机器伤害等。

4.1.2　间接安全隐患

间接安全隐患包括气溶胶伤害、溢洒伤害和气体中毒。

气溶胶伤害是指畜禽养殖场从业人员在进行活体免疫、动物样品采集、检疫、动物疫情处置等工作时，通过呼吸道、消化道等途径吸入动物发散的带毒带菌气溶胶所造成的生物性危害。气溶胶伤害还多见于实验室中，例如非封闭离心桶的离心机内盛有潜在感染性物质的离心管发生破裂等情况引发实验室工作人员的感染。

溢洒伤害是指在实验室进行检疫检测时，工作人员由于操作不当，或设备、设施因素造成微生物、阳性样品、化学试剂等危险材料的溢洒，对人员造成感染的生物性伤害。

气体中毒包括在畜禽舍内有害气体中毒和粪污贮存过程中产生的有害气体中毒，如由于雨污分离的需要，原来开放式的粪沟被全面封盖成为封闭式粪沟，导致粪沟内废气含量累积过多，主要为甲烷、二氧化碳、氨和硫化氢的混合气体，工作人员在具体操作中，因防护意识不强或操作不当等，引起呼吸困难以及血管运动中枢麻痹，导致虚脱或死亡。

4.1.3　废弃物安全隐患

废弃物安全隐患也是动物疫病传播的隐患之一，包括动物免疫注射器，疫苗废弃瓶，使用过的口罩、手套等防护装备的废弃物，携带病毒或病死动物的动物产品等均具有对从业人员散播病毒、病菌的风险。

4.1.4　人畜共患病安全隐患

1. 狂犬病

人感染的途径主要是被病兽咬伤、抓伤。

2. 布鲁氏菌病

该病主要是通过皮肤黏膜接触和消化道、呼吸道感染传播。无防护措施下，因操作失误导致伤口暴露是人感染布鲁氏菌病的主要职业性感染方式。

3. 禽流感

禽流感是由禽流感病毒感染引起的一种综合疾病，主要感染家禽。病禽和病毒携带禽为本病主要传染源，禽流感主要传播途径是通过接触和气溶胶传播，养禽场及禽类交易市场中的家禽是人感染病例的感染来源。禽流感病死率的高低与病毒类别有关，高致病性禽流感的致死率可高达30%，对人类的健康及社会经济具有较大的影响。从事家禽活体免疫、动物疫情处置及实验室检测的工作人员是本病的高危职业人群。

4. 结核病

结核病是由分枝杆菌引起的人畜共患慢性传染病，多年来对我国畜牧业尤其是奶牛养殖及人身健康构成严重威胁。本病主要经呼吸道、消化道感染，病菌随咳嗽、喷嚏排出体外，存在于空气飞沫中，健康的人、动物吸入后即可感染。结核病一年四季均可发生，饲养管理不当与本病的传播有密切关系。畜（禽）舍通风不良、拥挤、潮湿、阳光不足，动物缺乏运动，容易引发此病。

5. 炭疽病

人感染炭疽的主要感染源是患有炭疽的病死家畜。根据感染部位和症状，其可分为皮肤型炭疽（炭疽痈）、肠炭疽、吸入性肺炭疽等病型，其中皮肤型炭疽最为多见，约占人炭疽的 90%，主要患者为畜牧兽医从业人员、屠宰加工厂职工以及羊毛、皮革等工厂工作人员，经皮肤黏膜接触和吸入炭疽芽孢从而引发感染。人无论感染哪一种类型炭疽，均愈后不良，炭疽病对畜牧业发展和人类健康造成严重威胁。

6. 猪链球菌病

猪链球菌病是一种人畜共患病，其可引起猪的脑膜炎、心内膜炎、关节炎以及蜂窝织炎、败血症和猪肺炎等，也能感染人。该病被我国列为二类动物疫病，目前尚未发现人传人的案例。但猪作为主要动物传染源，此病如同其他人畜共患病，如果缺乏有效的预防措施，就会不断扩散，有病猪出现的地方就有人群感染的可能。在猪的饲养、屠宰、运输、繁育过程中，如果有人接触病猪，身体黏膜表皮受损，就有可能感染该病。

4.1.5　其他安全隐患

1. 防火用电隐患

无论是夏天降温还是冬天保温，畜禽养殖场都需要用到各种电气设备，例如风扇、风机、保温灯等，当用电超负荷时容易引起短路，造成火灾，对畜禽和从业人员的生命造成威胁。

2. 自然灾害隐患

此主要指恶劣天气（如雷电、大风、高温、寒潮、洪涝等天气条件）对养殖场从业人员带来的伤害隐患。

3. 意外隐患

1）目前，许多畜禽养殖场均配备了污水处理系统，包括沼液池、污泥池、好氧池、调节池等，它们多数池高水深，存在溺亡风险；养殖场工作人员在进行粪污处理设施清理时，若封闭空间内自然通风不良，含氧量不足，易使有毒有害气体侵入机体，造成人体中毒。

2）草料库、饲料原料库、饲料贮存间内的饲料、饲料原料、草料的码放要规范，不可堆放过高，防止意外倒塌造成人员伤亡。

3）在遭遇大风、暴雨等自然灾害后，应及时检修房舍，否则易造成人员意外伤亡。养殖场内的生活用房要安全，畜禽圈舍、饲料库房或饲料加工厂要建设牢固，防止因年久失修、疏于维护形成人员意外安全隐患。

4.2　人员安全事故应急预防

　　预防是安全事故应急的首要工作，把事故消除在萌芽状态，是应急处理的首要任务。在此阶段，任何突发险情都最易得到控制，花费的成本最小，造成的损失最轻。在事故发生的情况下，预防性措施全面到位，迅速控制事故，可避免事故的恶化或扩大，最大限度地减少事故造成的人员伤亡、财产损失和社会影响。

4.2.1　应急预防的含义

　　应急预防是指从应急管理的角度，为预防事故发生或恶化而做的预防性工作。应急预防有以下两层含义。

　　1）预防事故发生。

　　2）假定事故发生，预先拟定要采取的措施，避免事故的恶化或扩大。

4.2.2 应急预防的具体情形

应急预防具体包括以下 4 种情形。

1）事先进行危险源辨识和风险分析，通过预测可能发生的事故、事件，采取风险控制措施，尽可能避免事故的发生。

2）深入实际，进行应急专项检查，查找问题，通过动态监控，预防事故发生。

3）在出现事故征兆的情况下，及时采取控制措施，消除事故的发生。

4）假定在事故必然发生的情况下，通过预先采取的预防措施来有效控制事故的发展，最大限度地减少事故造成的损失和事故造成的后果。

4.2.3 应急预防的工作方法

1. 危险辨识

危险辨识是应急管理的第一步，即首先要对本养殖场所存在的危险源进行全面认真的普查。

2. 风险评价

在危险源普查完成之后，就要理论结合实际，对所有危险源进行风险评价，从中确定可能造成不可接受风险的危险源，即确定应急控制对象。

3. 预测预警

根据危险源的危险特性，对应急控制对象可能发生的事故进行预测，对出现的事故征兆及时发布相关信息进行预警，并采取相应措施，将事故消灭在萌芽状态。

4. 预警预控

假定事故必然发生，将可能出现的情形事先告知相关人员进行预警，同时，将预防措施及相应处置程序（即应急预案的相应处置程序）告知相关人员，以便在事故发生之时能有备而战，预防事故的恶化或扩大。

4.2.4 应急预防采取的措施

1. 建立完善的应急机制

畜禽养殖场应制订安全生产事故应急预案和现场处置方案，建立健全安全生产规章制度和操作规程，配置安全生产必备装备和物资，强化企业的应急处理能力。

2. 建立健全不同岗位的应急管理制度

按照岗位分级管理原则，畜禽养殖场针对不同岗位的从业人员进行制度化管理，将安全生产责任目标分解落实到各个岗位，细化到每个人，明确安全监管责任人，避免人员感染和疾病的传播。人员感染的主要方式为呼吸道感染，如吸入带毒带菌气溶胶等；皮肤接触感染，如疫苗注射器误伤等；消化道感染，如大肠杆菌感染等；间接接触感染，如被携带病毒的昆虫叮咬等。工作人员应依据不同的传播途径做好针对性的防护措施。

1）养殖场饲养人员的应急预防重点是在操作机械设备、饲喂畜禽时防止被机械或动物伤害，工作时做好个人防护，穿戴工作服，按照机械设备的操作说明操作。

2）养殖场兽医人员的应急预防重点是进行防疫工作时必须穿戴好个人

防护装备，规范操作，避免因操作失误而受感染，如注意不同疫苗不能混合注射；使用后的注射器、疫苗等废弃物需要进行高压灭菌处理等。在处理传染性病死畜禽时，要严格按照规程操作。

3）预防检疫工作的安全防护要点是在动物屠宰前、后通过临床诊断和实验室诊断等手段消除安全隐患。如经检疫不合格的动物及其动物产品必须按照国家规定进行无害化处理；疑似患炭疽的病畜不得放血、解剖等。检疫员在工作时必须穿戴好防护服、手套、口罩等个人防护装备，避免在皮肤裸露情况下进行检疫工作，一旦在工作中出现职业暴露，应当做好紧急消毒处理后尽快就医。

4）实验室检验工作的安全防护重点是避免病原微生物的扩散。在检测过程中，对动物样品的采集须严格按照相应的规定和条例的要求执行。病原分离与培养和动物感染确诊实验须在符合生物安全等级要求的实验室中进行操作。待检测的血清样品的前处理（如离心、核酸提取）必须在符合生物安全等级要求的实验室生物安全柜中进行操作。实验室需配备人员防护装备、事故应急用具和紫外消毒灯等消毒设备。实验室检验检测人员必须按照生物安全相关管理制度和操作规范进行操作，做好个人防护，防止病原微生物传播。

3. 加强畜禽养殖从业人员的安全生产防护知识培训

目前，畜禽养殖从业人员受传统观念的影响以及防护设施缺乏的限制，仍存在安全生产自我防护意识弱、技术操作不规范等问题，因此，应当对从业人员进行岗前培训以及考核，内容包括动物疫病专业知识、生物安全防护知识及规范操作实践等，针对不同岗位进行岗前培训，通过考核的人员方能上岗工作。

对在岗人员进行培训，内容包括兽医工作用具的使用方法，防护服、护目镜、手套、口罩、消毒设施等相关装备的正确使用方法，对微生物的处理方式，应急处置的治疗条件和时机等，提高从业人员的安全生产技能水平和应对应急事故的处理能力。

4. 配备安全生产防护基础设施和防护物资

贮备防护物资和装备是应对应急安全事故的有力保障，是避免动物疫病传播的有力屏障。防控基础设施包括紫外灯、火焰消毒器等对工作环境进行消毒的设施。防护物资包括人员防护物资、工作装备以及消毒物资。人员防护物资有工作服、防护服、手套、口罩、防毒面罩、眼罩、胶靴等；工作装备有注射器、手术器械、兽医检验检疫工具等；消毒物资有酒精、酚类消毒液等。畜禽养殖场应当贮备应对安全隐患和突发事故的防护物资，为避免动物疫病传播和应对安全事故提供物质保障。

5. 做好废弃物的无害化处理

畜禽养殖从业人员在进行活体免疫、动物样品采集、检疫检测、疫情处置等工作过程中会产生各种废弃物，如注射器、动物样品采集工具、一次性防护装备等。对病死及病害动物应当严格按照国家相关规定进行无害化处理。对一次性防护装备、注射器等废弃物应当按照医疗废弃物处理的标准做好灭菌处理，处理后交由专业处理机构进行处理。在高温高压灭菌处理时要做好自身安全防护，防止病原扩散，避免造成环境污染。

4.3 人员安全事故应急处置

国务院发布的《国家突发事件总体应急预案》中提出了六个"工作原则",即"以人为本,减少危害;居安思危,预防为主;统一领导,分级负责;依法规范,加强管理;快速反应,协同应对;依靠科技,提高素质。"这是我国突发事件的预防和处置工作原则,参照此原则,本书就畜禽养殖场人员安全生产应急事故处置提出以下几个原则。

一是以人为本、减轻危害。安全生产突发事件的发生会产生各种各样的威胁,造成各种各样的损失,包括人员的伤亡、财产的损失、设备的损害以及对周围环境造成严重的影响。在突发事件应急处置可能面临多种价值目标选择的时候,我们要始终坚持把人员的生命和健康放在第一位,始终坚持"先救人,后救物"的原则,把保证人员的生命健康、保障人员的基本生存条件放在首要位置。

突发安全事故具有不确定性和不稳定性的特点,在应急处置过程中,我们必须高度关注和重视应急处置人员的人身安全,有效地保护应急响应者,避免次生、衍生事故的发生。这也是突发事件应急处置"以人为本"的体现。

二是统一领导、分级负责。安全事故应急处置工作可能需要跨部门甚至跨地域调动资源,尤其是在突发安全事故现场处置的过程中,更体现了这种资源调动的重要意义,因而必须形成一种高度集中、统一领导和指挥的应急管理系统,实现可用资源的有效整合,避免单打独斗、各自为战的局面，确保政令的畅通。

三是快速反应、及时处置。突发事件的突发性以及不确定性决定了处置突发事件的过程中，任何时间上的延误都会加大事故后果的严重性和应急处置工作的难度，因此，在应急处置过程中必须坚持做到快速反应，力争在最短的时间内控制事态、减少损失，以最高的效率和最快的速度救助受害人，并为尽快地恢复正常的工作秩序、社会秩序和生活秩序创造条件。

四是协调救助、人员疏散。事故发生后会产生数量和范围不确定的受害者。例如，火灾、爆炸等灾难性事故的现场往往会有大量的伤亡人员（直接受害者），他们会在生理和心理上承受着双重打击。同时，事故的幸存者和亲历者虽然没有明显的心理创伤，但也会产生各种各样的负面心理反应。因此，事故应急处置的部门和人员在进行现场控制的同时应立即展开对受害者的救助，及时护送危重伤员，救援受困群众，妥善安置死亡人员，安抚在精神与心理上受到严重冲击的受害人。

五是依靠科学、专业处置。在突发安全事件应急处置过程中，要充分利用和借鉴各种高科技成果，发挥专家的决策智力支撑作用，避免不顾科学地蛮干。在利用高科技成果的同时也要充分利用专业人员的专业装备工具、专业知识、专业能力，实现突发事件的专业处置。但突发事件后果的不确定性也导致在处置方法上的多样性，一定要在尊重科学的基础上，采用专业的处置方法，特殊情况下可采用特殊的处置方法，做到因地制宜、合理处置。

在大多数事故应急处置的现场控制与安排中，把处于危险环境的受害者尽快疏散到安全地带，避免出现更大伤亡的灾难性后果，是一项极其重要的工作。在很多伤亡惨重的事故中，没有及时进行人员安全疏散是造成群死群伤的主要原因。

无论是自然灾害还是人为事故，或者是其他类型的事故，在决定是否疏散人员的过程中，需要考虑的因素一般有以下几点。

1）是否可能对群众的生命和健康造成危害，特别是要考虑到是否存在潜在危险性。

2）事故的危害范围是否会扩大或者蔓延。

3）是否会对环境造成破坏性的影响。

事故应急处置工作由许多环节构成，其中现场控制和安排既是一个重要的环节，也是应急管理工作中内容最复杂、任务最繁重的部分。现场控制和安排在一定程度上决定了应急处置的效率与质量。科学合理的现场控制不仅能大大降低事故造成的损失，也是一个国家和地区的政府部门应急处置能力的重要体现。

下面将具体列举在畜禽养殖场生产过程中几种常见的从业人员可能发生的安全生产事故的应急处置措施，供读者参考。

4.3.1　中暑事故的应急处置

自然条件下，在夏天由于太阳辐射强度大，气温高、气流小而导致人体内的产热量和散热量失去平衡，机体体温调节受到障碍而发生中暑事故。目前，畜禽养殖场舍内环境控制做得较好，部分养殖场采取了舍内环境自动温控设备，舍内的温度按照畜禽生理阶段特点进行了调控，使畜禽能够在适宜的温度下生活。对于幼小和刚出生的畜禽，舍内需要温度较高，如在家禽孵化过程中，孵化室内温度在 37 ℃以上，工作人员在工作过程中容易造成中暑事故；高温季节在养殖舍外从事劳动时也易发生中暑事故。

1. 中暑症状

中暑分为先兆中暑、轻症中暑、重症中暑等 3 种。

先兆中暑：在高温环境中，出现头晕、心慌、眼花、耳鸣、恶心、大量出汗、全身疲乏、体温略高（不超过 37.5 ℃）的症状。

轻症中暑：除有先兆中暑症状外，还表现下列症状之一。体温在 38 ℃以上；有面色潮红、皮肤灼热等现象；有呼吸、循环衰竭的早期症状，如面色苍白、恶心、呕吐、大量出汗、皮肤湿冷、血压下降、脉搏细弱而快等情况。

重症中暑：出现昏倒或痉挛，或皮肤干燥无汗，体温在 40 ℃以上。

2. 防范措施

1）有条件的养殖场，在炎热的夏季应搭设防晒棚，避免太阳长期辐射。

2）在炎热夏季调整作息时间，早晚工作，中午延长休息时间。

3）及时发放防暑降温防护用品，保证含盐饮料的供应。

4）加强医疗卫生保健工作，配备个人防暑药品。

5）保证工作人员的休息，注意饮食营养。

3. 应急处置措施

1）对于先兆中暑和轻症中暑，首先应迅速将患者送到通风良好的阴凉地方安静休息，解开患者衣服，以利血液循环；令患者喝含盐清凉饮料，吹吹风即可恢复。必要时可进行刮痧疗法，或针灸或服用清热解暑的中西药物等。

2）对于重症中暑，除实行上述急救措施外，应急送医院或由专业医务人员进行中西医结合疗法。

3）及时上报相关部门。

4.3.2　触电事故的应急处置

1. 事故特征

（1）危险性分析

由于电气设备故障、绝缘老化或者操作人员操作不当，易造成触电事故的发生。发生触电事故，会造成人员伤亡、设备损坏、生产中断。

（2）事故可能发生的季节和造成的危害程度

触电事故并无明显的季节特征，夏季温度较高，畜禽养殖场会使用风机、水冷空调等降温设备，用电量比较大，同时由于夏季空气湿度大、气温高造成设备线路绝缘老化，比较容易发生触电事故。出现设备异常停电后，工人检修设备时也易造成触电事故。

（3）事故的危害程度

事故的危害程度可分为：电击、电伤、死亡。

（4）事故前可能出现的征兆

仪器、仪表指示不正常，电气保护装置频繁运作，有异味，接地保护出现问题等。

2. 应急处置措施

现场应急处置的原则是迅速、就地、准确、坚持。

（1）脱离触电电源

1）如果触电地点附近有电源开关或电源插座，可立即拉下开关或拔出插头，断开电源。

2）如果触电地点附近没有电源开关或电源插座（头），可用有绝缘柄的电工钳或有干燥木柄的斧头切断电线，断开电源。

3）当电线搭落在触电者身上或压在身下时可用干燥的衣服、手套、绳索、皮带、木板、木棒等绝缘物作为工具，拉开触电者或挑开电线，使触电者脱离电源。

4）如果触电者的衣服是干燥的又没有紧缠在身上，可以用一只手抓住他的衣服，将其拉离电源。但因触电者的身体是带电的，其鞋的绝缘也可能遭到破坏，救护人不得接触触电者的皮肤，也不能抓他的鞋。

5）若触电发生在低压带电的架空线路上或配电台架、进户线上，可立即切断电源的，应迅速断开电源，救护者迅速登杆或登至可靠地方，并做好自身防触电、防坠落安全措施，用带有绝缘胶柄的钢丝钳、绝缘物体或干燥不导电物体等工具使触电者脱离电源。

（2）伤员脱离电源后的处理

1）触电伤员如神志清醒，应使其就地躺开，严密监视，暂时不要让其站立或走动。

2）触电者如神志不清，应使其就地仰面躺开，确保气道通畅，用5 s的时间间隔呼叫伤员或轻拍其肩部，以判断伤员是否丧失意识。禁止摆动伤员头部呼叫伤员。坚持就地正确抢救，并尽快联系医院进行抢救。

3）呼吸、心跳情况判断。触电伤员如意识丧失，应在10 s内，用看、听、试的方法判断伤员的呼吸情况。

看：看伤员的胸部、腹部有无起伏动作。

听：耳贴近伤员的口，听有无呼气声音。

试：试测鼻有无呼吸的气流，再用两手指轻试一侧喉结旁凹陷处的颈动脉有无搏动。

若看、听、试的结果，伤者既无呼吸又无动脉搏动，可判定呼吸心跳已停止，应立即用心肺复苏法进行抢救，同时拨打 120 急救电话，送医院治疗。

3. 注意事项

1）参与救援的人员必须具备相应用电安全常识和触电急救常识，救援人员必须穿戴合适的劳动防护用品。

2）使触电者脱离电源的工器具必须使用合格的绝缘工具或干燥木棒等绝缘物。

3）救护人不可直接用手或其他金属及潮湿的构件作为救护工具，必须使用合格的绝缘工具。救护人要用一只手操作，以防自己触电。

4）防止触电者脱离电源后可能的摔伤。特别是当触电者在高处的情况下，应考虑防摔措施。即使触电者在平地，也要注意触电者倒下的方向，注意防摔。

5）拨打急救电话时，必须向相关单位说明事故发生的时间、地点、事故情况、人员受伤情况，并指派专人到车辆必经路口为车辆引路。

6）如事故发生在夜间，应迅速解决临时照明问题，以利于抢救，并避免扩大事故。

4.3.3　意外事故的应急处置

1. 机械伤

机械伤主要指畜禽养殖过程中使用的机械设备运动（静止）部件、工具、加工件直接与人体接触引起的夹击、碰撞、剪切、卷入、绞、碾、割、刺等形式的伤害。

（1）事故特征

各类转动机械的外露传动部分（如齿轮、轴、履带等）和往复运动部分都有可能对人体造成机械伤害。

（2）应急处置措施

1）发现有人受伤后，必须立即停止运转的机械，并向周围人员呼救，同时拨打120急救电话。报告时，应注意说明受伤者的受伤部位和受伤情况、发生事故的区域或场所，以便让救护人员事先做好急救的准备。

2）若受伤人员较多，在组织进行应急救援的同时，应立即上报安全生产应急指挥中心，启动应急救援预案和现场处置方案，最大限度地减少人员伤害和财产损失。必要时，应立即上报安监局，并请求支援和救援。

3）由现场医护人员进行现场包扎、止血等措施，防止受伤人员流血过多造成死亡事故发生。创伤出血者迅速包扎止血，送往医院救治。

4）人员肢体卷入设备内，必须立即切断电源，如果肢体仍被卡在设备内，不可用倒转设备的方法解救肢体，妥善的方法是拆除设备部件，无法拆除时拨打当地119请求救援。

5）受伤人员出现肢体骨折时，应尽量保持受伤的体位，由现场医务人员对伤肢进行固定，并在其指导下采用正确的方式进行抬运，防止因为救助方法不对导致伤情进一步加重。

6）受伤人员出现呼吸、心跳停止等症状后，必须立即进行心脏按压或者人工呼吸，并及时送入医院医治。

7）在做好事故紧急救援的同时，应注意保护事故现场，对相关信息和证据进行收集和整理，做好事故调查工作。

2. 火灾

由于畜禽圈舍电线老化，或因明火升温、饲草自燃等原因，引起一些畜禽养殖场发生火灾，在灭火或抢救财物时容易造成人员烧伤。

（1）防范措施

1）畜禽养殖场建立消防安全制度，配备消防装备；经常检查电路、电线和增温、降温、照明、饲料加工等设备，及时更新老化的电线、电器；建议在畜禽圈舍建造时使用防火材料，防患于未然。

2）如遇电器或电气线路失火，不可带电直接泼水灭火，应先切断电源，再实施扑救。

3）检查隐患，如秋季后养殖场内的杂草要注意及时清理。

4）稻草、秸秆等可燃作物要堆放在安全地带，不能堆放在靠近烟囱、电线的地方，一旦烟囱飞火或电线老化极易引发大火。

5）饲草内若裹有雨雪或饲草被淋后未及时翻晒，引起饲草腐败产生高温，易导致饲草自燃。

（2）应急处置措施

人员发生烧伤后谨记"四字诀"——脱、冲、裹、送。

"脱"指的是人员烧伤后第一时间脱离致伤物，立即扑灭火焰，脱掉燃烧衣物。

"冲"指的是用自来水冲洗伤口，并持续用冷水冲，这样能使局部快速散热，降低创面残余热量对皮下深部组织的伤害，减轻疼痛。

"裹"指的是用清洁毛巾湿敷并包裹创面，预防创面污染及再次受到伤害。

"送"指的是及时将受伤人员送至医院，烧伤面积较大或病情较重的，可能会引起休克，一定要保持输液状态转移，以防休克后无法输液。

3. 其他意外伤害

在畜禽饲养管理中，面对奶牛、肉牛、种猪等大型家畜时，如果保护不好，容易发生踩伤、撞伤、摔伤、咬伤等事故。特别是在免疫注射、打挂耳标、采精配种、去势手术、产后护仔等过程中，饲养管理人员易受到意外伤害。

其他意外伤害的应急处置措施如下。

要依据伤害的程度不同，采取不同的处理方法。如果伤害造成浅表组织的破损，伴有局部软组织的红肿、疼痛，此时给予 0.5% 的活力碘局部消毒，用无菌纱布覆盖，同时 24 h 内给予局部冰敷减轻组织的水肿，24 h 后可采取局部热敷和外敷，促进红肿消退、水肿吸收。如果患者皮肤严重撕裂，伴有活动性出血，此时需要尽快到医院进行局部清创缝合，同时注射破伤风抗毒素，避免破伤风感染。对于摔伤伴局部骨折的患者，要尽快完善 X 线检查，评估骨折的具体情况，必要时行手术治疗。

4.3.4　中毒事故的应急处置

1. 应急处置的基本原则

中毒事故应急处置的基本原则是预先准备，快速防疫，立体救护，建立体系；统一指挥，密切协同；集中力量，保障重点；科学救治，技术救援。

2. 应急处置的主要内容

1）切断（控制）中毒事故源。组织抢救人员切断突发中毒事故源，如关闭阀门、堵封漏洞等。

2）抢救中毒及受伤人员。将中毒人员撤离至安全区，进行抢救，送至医院紧急治疗。

3）检测确定有毒有害化学物质的性质及危害程度，掌握毒物扩散情况。

4）寻找并处理各处的动物尸体，防止其腐烂污染环境。

５）抢救人员应根据毒情穿戴相应的防护器材，并严守防护纪律。

６）有效降低危害。

７）消除污染和净化环境。

3. 沼气中毒的应急处置

畜禽养殖场的沼气中毒事故主要发生在畜禽粪污贮存设施如污水池、反应池（罐）等工作地点的清理清淤和检查维修等作业过程中。而畜禽养殖门槛低，环境脏差，从业者文化程度并不高，在进行清淤和检查维修作业前往往并未经受过专门训练，这也是事故发生的原因之一。

（1）沼气中毒的症状

沼气是混合气体，主要成分是甲烷、二氧化碳、氮、氢、一氧化碳和硫化氢。其中甲烷是天然气、煤气的主要成分，当人吸入沼气过多时，有毒气体经肺泡进入血液，与体内红细胞相结合，形成碳氧血红蛋白，使血红蛋白失去运输氧的能力，造成缺氧血症，同时还能抑制呼吸，导致一系列中枢神经症状。沼气轻度中毒的人会头痛、头晕。中度中毒者面部潮红，心跳加快，出汗较多。重度中毒者可能会出现深度昏迷，体温升高，脉搏加快，呼吸急促，同时出现大小便失禁等。

（2）防范措施

对工作人员进行安全培训；在密闭空间工作前进行通风换气、检测气体；佩戴个体防护器具；配备场外监护人员。对于施救人员，要防止发生二次伤害。

（3）急救措施

发现中毒人员时，应立即将患者移至空气新鲜处（抢救人员必须佩戴有氧防护面罩），并向 120 呼救；进行人工呼吸，尽快给氧。重度中毒者最好进行高压氧治疗，必要时作插管。

4. 一氧化碳（煤气）中毒的应急处置

一氧化碳中毒也是俗称的煤气中毒。在寒冷季节，为了给畜禽供暖保温，尤其是为给雏禽、仔畜提供保育小环境，一些养殖场采用煤炉升温的方法。而有的饲养人员为了便于照看雏禽仔畜，住在育雏或保育室内，又不注意通风透气，极易导致煤气中毒，乃至丢掉性命。

引发人体煤气中毒的原因在于短时间吸入过量的一氧化碳，过量的一氧化碳会与血糖蛋白相结合，导致其无法与氧气相结合，因此人体含氧量将会大幅下降，身体各个器官和组织均会陷入缺氧状态。救治一氧化碳中毒者需要立即让其脱离中毒环境，立即将其送往医院进行治疗。

在现场急救时，救护人员需要立即将一氧化碳中毒者转移到通风良好、空气新鲜的地方，同时拨打 120 电话，解开其衣领以及裤带，清除其口腔以及鼻腔内的分泌物。有条件的话需要让中毒者卧床休息，加强保暖，也需要保持其的呼吸道畅通，若条件允许的情况，可以对患者进行吸氧治疗，从而改善患者的缺氧状态，待医护人员到达后或将其送往医院后接受医生的治疗。

4.3.5 感染事故的应急处置

人畜共患病是指人与饲养动物之间通过自然传播和感染的而产生的疾病，主要包括细菌、病毒、衣原体、支原体、螺旋体、原虫等引起的各种疾病，对于人体健康、产业的发展、畜牧衍生的产品安全以及公共卫生安全都存在巨大的隐患。

1. 养殖人员防护人畜共患病的措施

1）对生活环境定期进行清洁消毒，对饲养环境、栏舍、饲养用具等按时进行清洁消毒。

2）畜禽粪便应进行无害化处理。

3）人的生活用品与畜禽生产用品要分开。

4）改变人和畜禽混杂的生活环境。

5）对畜禽定期进行人畜共患病检疫。

6）根据当地动物疫情状况进行相关疫苗的免疫注射。

7）发现动物出现不明原因死亡情况及时向当地动物疫病防控部门报告。

8）饲养场（户）工作人员定期进行人畜共患病的检查，染病要及时就诊。

2. 常见人畜共患病的应急处置措施

（1）狂犬病

狂犬病是由狂犬病毒引起的人畜共患传染病。人的狂犬病多因被狂犬病病毒感染的犬、猫咬伤抓伤而感染，一旦感染发病，死亡率100%，狂犬病是迄今为止人类传染病中病死率最高的病种。出于安全和防盗考虑，畜禽养殖场内会饲养一些犬，而犬科动物在饲养、保健、疫苗接种、疾病诊疗过程中，会抓伤、咬伤或舔食皮肤有伤口的饲养、保健、防治或其他人员。如果犬携带了狂犬病毒，就会对上述人员的生命构成致命的威胁。

应急处置：一旦被猫抓伤或狗咬伤，首先要挤出伤口的淤血，迅速清洗伤口，并在24 h内注射抗狂犬病血清， 按照医嘱时间安排要求进行注射，必要的时候可能还需要联合狂犬病免疫球蛋白来进行接种。同时，忌食辛辣食物一个月以上。规范的狂犬病疫苗注射能产生足够水平的狂犬病抗体，能起到很好的预防效果。

（2）布鲁氏菌病

布鲁氏菌病（简称布病）是人畜共患传染病，危害公共卫生安全，威胁牛、羊产业的健康发展。布鲁氏菌病具有较强的传染性，其临床特点为患畜或患者长期发热、多汗，关节痛，患睾丸炎、肝脾肿大等。病菌为革兰阴性短小杆菌，按生化和血清反应分为马尔他布鲁菌（羊型）、流产布鲁菌（牛型）、猪布鲁菌（猪型），另外还有森林鼠型、绵羊附攀型和犬型，感染人者主要为羊型、牛型和猪型。其致病力以羊型最强，猪型次之，牛型最弱。传染源是患病的羊、牛、猪，病原菌存在于病畜的组织、尿、乳、产道分泌物、羊水及胎盘中。

其传播途径如下。

布鲁氏菌病的传播可分为破损皮肤传播、饮食传播、呼吸道传播。破损皮肤传播在整个传播中占的比例非常大，一般是皮肤受到伤害，出现破损，让病菌有机可乘，在这期间，人与家畜接触，若家畜受到感染，人则很容易传染上这一疾病。这种情况主要发生在饲养员在饲喂家畜、挤奶、剪毛等活动时，给母畜接产时，接触病畜产道分泌物、羊水及胎盘时，若不做好防护工作，很容易受病毒侵害。另外，若皮肤破损，间接地接触感染体，也是容易感染此病的，例如间接触碰了家畜的排泄物或触碰了受到家畜污染的环境及物品等。饮食传播主要是指一些食物被布鲁氏菌感染，若没有经过消毒处理（如高温加热消毒等），人直接食用，则会感染上病毒，例如直接食用受布鲁氏菌污染的乳制品等，或食用受感染的家畜肉类等。呼吸道传播主要是指在一个受布鲁氏菌污染的环境中，布鲁氏菌飘浮在空气中，如果被吸入人体内，则易引起感染。此外，其他如人被携带病毒的苍蝇、蜱叮咬也可以感染本病。

本病的预防措施如下。

1）饲养人员在饲养管理工作后，一定要将手清洗干净后再进食。

2）饲养人员给母畜（尤其是羊）接产时，一定要穿好防护服，佩戴防护镜、口罩、乳胶手套，穿胶靴等防护用具，并做好清洗消毒工作。

3）因布鲁氏菌在 70 ℃时 10 min 即可被杀死，所以吃肉及肉制品时一定要煮熟煮透，防止病从口入。

4）每年给牛、羊进行布病净化，保证牛、羊群无布病存在。

5）直接与动物接触的人员应定期体检。

发生人感染布鲁氏菌病的应急处置方法如下。

1）对确诊的病人应根据流行病学资料、临床表现和实验室检查结果进行核实诊断。

2）检疫和淘汰疫畜：对疫区内全部羊、牛用血清学方法进行检疫，检疫后一个月再检一次。凡检出阳性的家畜应立即屠宰（或隔离饲养）。至少在一年内停止向外调运牛、羊。畜产品均应在原地存放和消毒，暂不外运。

3）消毒：被病畜的流产物污染的场地、用具、圈舍及尚未食用的奶制品均应进行消毒处理。

4）免疫：经两次检疫呈阴性反应的家畜，以及疫区周围村受危害的畜群，应连续三年以上用菌苗进行免疫，每年免疫覆盖率不低于90%。

5）临床监测及治疗：对疫区内接触家畜及畜产品的人员进行血清学及皮肤过敏实验，查明人群感染情况，凡确诊的病人均应进行系统的治疗。

6）宣传教育：对疫区的居民及职业人群进行布病的危害、临床表现及防治知识的宣传教育。

（3）禽流感

人感染禽流感的主要途径是密切接触病死禽，高危行为包括宰杀、拔毛和加工被感染禽类。感染禽类的粪便也是一种传染源。如果人感染上禽流感，在早期会出现一些全身中毒的表现，比如畏寒、发热、鼻塞、咳嗽、流涕、咽痛或肌肉酸痛等，有些病情严重的患者还可能出现呼吸困难、咳血、胸闷等临床表现。

禽流感的应急处置措施如下。

1）患者隔离。

若养殖场发现疑似人感染禽流感，应立即将患者送至医院，进行治疗，同时上报属地动物疫病管理部门。

2）患病动物扑杀。

在专业人员指导下，将感染禽类尸体焚烧或喷洒消毒剂后在远离水源的地方深埋，要采取有效措施防止污染水源。病人尸体宜尽快火化。

3）现场消毒。

a. 养殖场配合畜牧兽医部门针对动物禽流感疫情对养殖场开展消毒工作。

b. 各级疾病预防控制机构对发生人禽流感的疫点、疫区进行现场消毒，消毒重点应包括病人的排泄物、病人发病时生活和工作过的场所、病人接触过的物品等。

4）应用流行病学调查寻找密切接触者。

畜牧兽医部门组织开展禽间疫情监测、溯源、管理、捕杀等工作；疾病预防控制机构开展人间疫情的流行病学调查、实验室检测、病例救治、密切接触者追踪、高危人群管理、流感扩大监测等工作。

5）做好个人防护。

捕杀、处理病、死禽的人员，应做好个人防护。

a. 戴 16 层面纱口罩（使用 4 h 后，消毒更换），穿防护服，戴乳胶手套。

b. 进行消毒和宰杀病禽、无害化处理的工作人员还应佩戴防护眼镜、穿长筒靴，戴橡胶手套。

（4）炭疽病

人类主要通过接触患病的牲畜、进食感染本病的牲畜肉类、吸入含有该菌的气溶胶或尘埃，及接触污染的毛皮等畜产品而罹患本病。患病类型如下。

人感染的炭疽有 3 种类型，分别为皮肤型炭疽、肺炭疽和肠炭疽，无论哪种类型，都预后不良。

1）皮肤型炭疽。其最为多见，约占人炭疽的 90%，主要是畜牧兽医工作人员和屠宰场职工经皮肤伤口感染。临诊表现是感染处先有蚤咬样红肿，继而出现无痛水泡，渐变为溃疡，中心坏死，以后结成稍呈凹陷的暗红色痂皮或黑色焦痂（即炭疽痈）。周围组织红肿，有多数水疱，附近淋巴组织肿大，疼痛，并伴有头痛、发热、关节痛、呕吐、乏力等临诊症状，严重时可出现败血症。

2）肺炭疽。其多为羊毛、鬃毛、皮革等工厂工人感染，由于吸入了带有炭疽芽孢的尘土而引起。该病病程急骤，早期恶寒、发热、咳嗽、咯血、呼吸困难、可视黏膜发绀等，常伴有胸膜炎等。

3）肠炭疽。其常因食入患病动物的肉类所致。该病发病急，患者发热，表现呕吐、腹泻、血样便、腹痛、腹胀等腹膜炎临诊症状。

该病的应急处置措施：核实疫情，确定诊断，封锁疫区。其处理时着重注意以下各项。

1）隔离患者。

炭疽病人从做出疑似诊断时起，即应隔离治疗。原则上应就地隔离，避免长距离运送病人。

a. 对病人污染的环境消毒。病人的废弃物品必须焚毁，所有受到污染的物品也尽可能焚毁。污染的环境和不能焚毁的物品使用有效方法消毒。病人出院或死亡后，对病人所处的环境进行终末消毒。

b. 病人尸体处理。炭疽病人死亡后，其口、鼻、肛门等腔道开口均应用含氯消毒剂浸泡的棉花或纱布塞紧，尸体用由消毒剂浸泡过的床单包裹，然后火化。

c. 接触者处理。对接触过病人或病死畜的人员，医学观察 15 天，并用青霉素预防性投药，皮肤有破损的人员局部用 2% 碘酊消毒。

2) 对患病动物扑杀及消毒。

划定疫点、疫区，采取隔离封锁等措施；禁止疫区内牲畜交易和输出畜产品及草料；禁止食用病畜乳、肉，防止疫情扩散。对确诊为炭疽的家畜要整体焚烧，将污染的皮毛、物品尽可能焚毁。同群畜要全群测温，对体温升高及可疑病畜先注射抗炭疽血清，7~10 d 后，再注射炭疽芽孢苗。

（5）奶牛结核病

本病是由结核分枝杆菌引起的一种人畜共患的慢性传染病。结核分枝杆菌主要分 3 个型，即牛分枝杆菌（牛型）、结核分枝杆菌（人型）和禽分枝杆菌（禽型）。其中，对此病奶牛最易感，其次为水牛、黄牛、牦牛，人也可被感染。结核病病牛是本病的主要传染源。牛型结核分枝杆菌随牛的鼻汁、痰液、粪便和乳汁等排出体外，健康牛可通过被污染的空气、饲料、饮水等经呼吸道、消化道等途径感染。

人感染牛型结核杆菌主要有以下途径。

1）经呼吸道感染。患结核病的牛咳嗽时，可将带菌飞沫排于空气中，健康人和牛吸入，即可引起感染，大部分是在肺部发病。特别是圈养的奶牛由于牛棚通风差，互相密切接触，结核感染率可高达 25%~50%。若不严加管理，牛结核病的流行和传播会很迅速。

2）经消化道感染。饮用牛结核菌污染的牛奶、牛奶未经消毒或消毒不合理，皆可引起人和动物发病。儿童饮用污染牛结核菌的奶，可在咽部或肠部发病，也可引起咽部及锁骨上浅表淋巴结炎或在肠道引起肠系膜淋巴结炎。

本病的应急处置措施如下。

1）扑杀、隔离。立即扑杀对病菌呈阳性的牛，移除同舍其他所有牛，对该棚舍进行彻底消毒；设立独立的、远离生产区的隔离区，将所有可疑牛转入隔离牛舍进行 45 d 隔离检疫。

2）消毒。

a. 临时消毒。奶牛群中检出并剔出结核病牛后，牛舍及运动场所等的金属设施、设备可采取火焰、熏蒸等方式消毒；养畜场的圈舍、场地、车辆等，可用 2% 烧碱等有效消毒药消毒；饲养场的饲料、垫料可采取深埋发酵处理或焚烧处理；粪便采取堆积密封发酵方式以及其他相应的有效消毒方式。

b. 经常性消毒。饲养场及牛舍出入口处，应设置消毒池，内置有效消毒剂，如 3%~5% 来苏尔溶液或 20% 石灰乳等。消毒药要定期更换，以保证一定的药效。牛舍内的一切用具应定期消毒。产房每周进行一次大消毒，分娩室在临产牛生产前及分娩后各进行一次消毒。

3）严格禁止从其他结核高风险场引进奶牛；对发病场动物要限制流动；对近期出入场内的兽医和其他人员进行人员和衣物的消毒；降低病原传播风险，防止再次发生传染。

4）及时清理粪污，消灭传染源。

（6）猪链球菌病

猪链球菌病是由溶血性链球菌引起的人畜共患疾病，病菌除广泛存在于自然界外，也常存在于正常动物和人的呼吸道、消化道、生殖道中等。感染发病动物的排泄物、分泌物、血液、内脏器官及关节内均有病原体存在。病猪和带菌猪是本病的主要传染源，对病死猪的处置不当和运输工具的污染是造成本病传播的主要因素。本病主要经消化道、呼吸道和损伤的皮肤感染。

该病的潜伏期及传播途径如下。

1）潜伏期：在我国猪链球菌 2 型感染的潜伏期较短，一般不超过 3 d，最短只有 4 h，有 80% 以上的病例在暴露后 2 d 内发病。

2）传播途径：猪链球菌 2 型感染源主要为猪，尤其人在接触病死猪过程中，猪链球菌菌会通过破损皮肤感染人，感染者短则几小时长则几天内发病。猪链球菌病虽然为人畜共患病，但尚未出现人感染人的情况。

该病的临床表现如下。

猪链球菌感染人后，主要有两种临床表现类型，分别是败血症型和脑膜炎型。多数发病者初期发高热、身体不适、晕厥。败血症型起病急促，表现为突然高热，身体手脚等处出现淤点、斑点等，在早期多数出现胃肠道病症、休克等，病情发展很快，迅速转化为器官衰竭、呼吸困难、心力衰竭、血管内凝血以及肾衰竭等，治疗后恢复差，且死亡率很高。脑膜炎型主要表现为头痛、高热、脑膜刺激征。此型的临床症状较轻，治疗后恢复较好，死亡率较低，但有 54%~67% 的患者可能会出现耳聋，伴有运动功能失调。

该病的预防措施如下。

防控猪链球菌感染的主要措施还是要控制生猪疫情，若没有生猪感染也就不能造成人感染。

1）畜牧兽医管理系统要进一步完善、健全生猪疫情报告制度，对病、死猪及时进行检测和监控。

2）加强屠宰、检疫管理。大力倡导生猪集中统一屠宰，统一检验检疫，严禁屠宰病死猪；同时对上市猪肉的检疫与管理要加强，加强检疫标签的检查，完善追查制度，禁售病死猪肉和无证猪肉。

3）重视加强从业人员的个人防护，重视加强屠宰从业人员的个人防护。当从业人员身体有伤口时应避免接触病死猪、猪肉及其制品，经常接触生猪和猪肉的人应戴保护手套，避免屠宰过程中受伤。生猪养殖从业者也要加强个人防护，加强猪舍消毒清理。

4）加强宣教，使从业人员养成良好的卫生习惯，以免人感染猪链球菌。

该病的应急处置措施如下。

养殖场坚持早发现、早报告、早诊断、早救治的原则，以防止人感染猪链球菌病，强化疫情监测和报告。一旦发现与生猪密切接触人员出现不明原因发热等症状，要坚持就地隔离、就地治疗的原则，及时送医治疗。

4.3.6 自然灾害后人员的防护措施

1. 洪涝灾害发生时的应急处置措施

1）发生洪涝灾害时，洪涝暴雨信息收集责任人通过天气预报或现场水位标线了解到将有洪涝形成迫近后，立即报告养殖场负责人，同时上报当地政府部门，并根据洪涝灾害情况启动相应级别的应急响应。

2）集合养殖场工作人员，按照应急预案，做好人员安排。

3）工作人员利用防汛抗洪物资进行救灾，在重要设备、办公室等处布置沙袋阻止水的灌入；督促做好防御的各项应急措施，加强巡逻检查，配备好抢险器材和物资，包括电源盘、抽水泵、沙袋、蛇皮袋等。

4）在各个圈舍门口堆好沙袋，防止洪水灌入圈舍内。

5）当地气象台发出暴雨橙色、红色预警信号时，水位标线处于中、大、特大灾级别范围，通知引导各处人员尽快疏散，引导撤离洪涝灾害现场的所有无关人员，并对现场进行警戒，防止无关人员进入。

6）如果有伤员，应对伤员及时救治，如果受伤严重，应及时拨打急救中心电话 120 送医院救治，并派人接应急救车辆。

7）应急处置结束后，迅速组织人员对设备设施进行检查维修，尽快恢复正常的生产经营。

2. 恶劣天气（雷电、大风）应急处置措施

1）发生恶劣天气时，应组织畜禽养殖场室外工作人员停止作业，同时检查并撤至安全区域。

2）人员受伤时，对被抢救处理的伤员根据伤势情况，采取相应的应急处置措施救援后及时送往当地医院救治，或拨打120急救电话求助。

3）在应急处置过程中，参加救助的人员要时刻注意周围天气环境，以防止事故继续扩大。

4）在救援过程中要防止造成二次伤害，尽快将受伤人员转移至安全地点。

4.3.7　现场急救常用方法

现场急救常用的方法包括人工呼吸、心脏复苏、外伤止血、创伤包扎、骨折固定和伤员搬运。

1. 人工呼吸

人工呼吸适用于触电休克、溺水、有害气体中毒和窒息或外伤窒息等引起的呼吸停止、假死状态者。

在施行人工呼吸前，先要将伤员运送到安全、通风良好的地点，将伤员领口解开，放松腰带，注意保持体温，在腰背部垫上软的衣服等。应先清除伤员口中的脏物，把其舌头拉出或压住，防止堵住喉咙，妨碍呼吸。各种有效的人工呼吸必须在呼吸道畅通的前提下进行。常用的方法有口对口吹气法、仰卧压胸法和俯卧压背法3种。

（1）口对口吹气法

口对口吹气法是效果最好、操作最简单的一种方法。操作前使伤员仰卧，救护者在其头的一侧，一手托起伤员下颌，并尽量使其头部后仰，另一手将其鼻孔捏住，以免吹气时鼻孔漏气；自己深吸一口气，紧对伤员的口将气吹入，使伤员吸气。然后，松开捏鼻的手，并用一手压其胸部以帮助伤员呼气。如此有节律地、均匀地反复进行，每分钟应吹气 14~16 次。注意吹气时切勿过猛、过短，也不宜过长，以占一次呼吸周期的 1/3 为宜。

（2）仰卧压胸法

让伤员仰卧，救护者跨跪在伤员大腿两侧，两手拇指向内，其余四指向外伸开，平放在其胸部两侧乳头之下，借半身重力压伤员胸部，挤出伤员肺内空气；然后，救护者身体后仰，除去压力，伤员胸部依其弹性自然扩张，使空气吸入肺内。如此有节律地进行，要求每分钟压胸 16~20 次。

此法不适用于胸部外伤或 SO_2、NO_2 中毒者，也不能与胸外心脏按压法同时进行。

（3）俯卧压背法

此法与仰卧压胸法操作大致相同，只是让伤员俯卧，救护者跨跪在伤员大腿两侧。因为这种方法便于排出肺内水分，因而此法对溺水急救较为适合。

2. 心脏复苏

心脏复苏操作主要有心前区叩击术和胸外心脏按压术两种方法。

（1）心前区叩击术

心脏骤停后立即叩击心前区，叩击力中等，一般可连续叩击 3~5 次，并观察伤员的脉搏、心音，若恢复则表示复苏成功；反之，应立即放弃，改用胸外心脏按压术。操作时，使伤员头低脚高，施术者以左手掌置其心前区，右手握拳，在左手背上轻叩。

（2）胸外心脏按压术

此法适用于各种原因造成的心跳骤停者。在胸外心脏按压前，应先作心前区叩击术；如果叩击无效，应及时正确地进行胸外心脏按压。其操作方法如下。

首先使伤员仰卧于木板上或地上，解开其上衣和腰带，脱掉其胶鞋。救护者位于伤员左侧，手掌面与前臂垂直，一手掌面压在另一手掌面上，使双手重叠，置于伤员胸骨 1/3 处（其下方为心脏）；以双肘和臂肩之力有节奏地、冲击式地向脊柱方向用力按压，使胸骨压下 3~4 cm（有胸骨下陷的感觉就可以了）；按压后，迅速抬手使胸骨复位，以利于心脏的舒张。按压次数以 60~80 次/分钟为宜。按压过快，心脏舒张不够充分，心室内血液不能完全充盈；按压过慢，动脉压力低，效果也不好。

使用此法时的注意事项如下。

1）按压的力量应因人而异。对身强力壮的伤员，按压力量可大些；对年老体弱的伤员，力量宜小些。按压要稳健有力，均匀规则，重力应放在手掌根部，着力仅在胸骨处，切勿在心尖部按压，同时注意用力不能过猛，否则可致肋骨骨折、心包积血或引起气胸等。

2）胸外心脏按压与口对口吹气应同时施行，一般每按压心脏 4 次，做口对口吹气 1 次，如 1 人同时兼作此两种操作，则每按压心脏 10~15 次，较快地连续吹气 2 次。

3）按压显效时，可摸到颈总动脉、股动脉搏动，散大的瞳孔开始缩小，口唇、皮肤转为红润。

3. 外伤止血

外伤止血方法很多，常用的暂时性止血方法有以下几种。

（1）指压止血法

在伤口附近靠近心脏一端的动脉处，用拇指压住出血的血管，以阻断血流。此法是用于四肢大出血的暂时性止血措施；在指压止血的同时，应立即寻找材料，准备换用其他止血方法。

（2）加垫屈肢止血法

当前臂和小腿动脉出血不能止住时，如果没有骨折和关节脱位，这时可采用加垫屈肢止血法止血。

在肘窝处或膝窝处放入叠好的毛巾或布卷，然后屈肘关节或屈膝关节，再用绷带或宽布条等将前臂与上臂或小腿与大腿固定。

（3）止血带止血法

当上肢或下肢大出血时，可使用软胶管或衣服、布条等作为止血带，压迫出血伤口的近心端进行止血。止血带的使用方法如下。

1）在伤口近心端上方先加垫。

2）急救者左手拿止血带，上端留 16.5 cm 左右，紧贴加垫处。

3）右手拿止血带长端，拉紧环绕伤肢伤口近心端上方两周，然后将止血带交左手中，用食指夹紧。

4）左手中、食指夹止血带，顺着肢体下拉成环。

5）将上端一头插入环中拉紧固定。

6）在上肢应扎在上臂的上 1/3 处，在下肢应扎在大腿的中下 1/3 处。

止血带使用的注意事项如下。

1）扎止血带前，应先将伤肢抬高，防止肢体远端因淤血而增加失血量。

2）扎止血带时要有衬垫，不能直接扎在皮肤上，以免损伤皮下神经。

3）前臂和小腿不适于扎止血带，因其均有两根平行的骨干，骨间可通血流，所以止血效果差。但在肢体离断后的残端可使用止血带，要尽量扎在靠近残端处。

4）禁止扎在上臂的中段，以免压伤桡神经，引起腕下垂。

5）止血带的压力要适中，以能阻断血流又不损伤周围组织为度。

6）止血带止血持续时间一般不超过 1 h，时间太长可导致肢体坏死，时间太短会使出血、休克进一步恶化。因此使用止血带的伤员必须配有明显标志，并准确记录其开始扎止血带的时间，每 0.5~1 h 缓慢放松一次止血带，放松时间为 1~3 min，此时可抬高伤肢压迫局部止血。再扎止血带时应在稍高的平面上绑扎，不可在同一部位反复绑扎。止血的总时间不能超过 3 小时，应尽快将伤员送到医院救治。

（4）加压包扎止血法

本方法主要适用于静脉出血的止血。其方法是：将干净的纱布、毛巾或布料等盖在伤口处，然后用绷带或布条适当加压包扎，止血压力的松紧度以能达到止血而不影响伤肢血液循环为宜。

4. 创伤包扎

包扎的目的是保护伤口和创面，减少感染，减轻伤者痛苦，加压包扎有止血作用；用夹板固定骨折的肢体时需要包扎，以减少继发损伤，也便于将伤员运送至医院。

包扎时使用的材料主要有绷带、三角巾、四头巾等。现场进行创伤包扎可就地取材，用毛巾、手帕、衣服撕成的布条等进行包扎。包扎的方法如下。

（1）布条包扎法

1）环形包扎法。该法适用于头部、颈部、腕部及胸部、腹部等处，将布条做环行重叠缠绕肢体数圈后即成。

2）螺旋包扎法。该法用于前臂、下肢和手指等部位的包扎。先用环形法固定起始端，把布条渐渐地斜着上缠或下缠，每圈压前圈的一半或 1/3，呈螺旋形，尾部在原位上缠 2 圈后予以固定。

3）螺旋反折包扎法。该法多用于粗细不等的四肢包扎。开始先做螺旋形包扎，待到肢体渐粗的地方，以一手拇指按住布条上面，另一手将布条自该点反折向下，并遮盖前圈的一半或 1/3。各圈反折须排列整齐，反折头不宜在伤口和骨头突出部分。

4）"8"字包扎法。该法多用于关节处的包扎。先在关节中部环形包扎两圈，然后以关节为中心，从中心向两边缠，一圈向上，一圈向下，两圈在关节屈侧交叉，并压住前圈的 1/2。

（2）毛巾包扎法

1）头顶部包扎法。将毛巾横盖于头顶部，包往前额，两角拉向头后打结，两后角拉向下颌打结；或者是将毛巾横盖于头顶部，包住前额，两前角拉向头后打结，然后两后角向前折叠，左右交叉绕到前额打结，如毛巾太短可接带子。

2）面部包扎法。将毛巾横置，盖住面部，向后拉紧毛巾的两端，在耳后将两端的上、下角交叉后分别打结，在眼、鼻、嘴处剪洞。

3）下颌包扎法。将毛巾纵向折叠成四指宽的条状，在一端扎一小带，使毛巾中间部分包住下颌，两端上提，小带经头顶部在另一侧耳前与毛巾交叉，然后小带绕前额及枕部与毛巾另一端打结。

4）肩部包扎法。单肩包扎时，毛巾斜折放在伤侧肩部，腰边穿带子在上臂固定，叠角向上折，一角盖住肩的前部，从胸前拉向对侧腋下，另一角向上包住肩部，从后背拉向对侧腋下打结。

5）胸部包扎法。全胸包扎时，毛巾对折，腰边中间穿带子，由胸部围绕到背后打结固定。胸前的两片毛巾折成三角形，分别将角上提至肩部，包住双侧胸，两角各加带过肩到背后与横带相遇打结。

6）腹部包扎法。将毛巾斜对折，中间穿小带，小带的两部拉向后方，在腰部打结，使毛巾盖住腹部。将上、下两片毛巾的前角各扎一小带，分别绕过大腿根部与毛巾的后角在大腿外侧打结。

7）臂部包扎与腹部包扎法相同。

包扎时应注意以下事项。

1）包扎时，应做到动作迅速敏捷，不可触碰伤口，以免引起出血、疼痛和感染。

2）不能用污水冲洗伤口。伤口表面的异物应去除，但深部异物需将伤者运至医院再取出，防止重复感染。

3）包扎动作要轻柔，松紧度要适宜，不可过松或过紧，以达到止血目的为准，结头不要打在伤口上。应使伤员体位舒适，绷扎部位应维持在功能位置。

4）不可将脱出的内脏纳回伤口，以免造成体腔内感染。

5）包扎范围应超出伤口边缘 5~10 cm。

5. 骨折固定

骨折固定可减轻伤员的疼痛，防止因骨折端移位而刺伤邻近组织、血管、神经，也是防止创伤休克的有效急救措施。操作要点如下。

1）要进行骨折固定时，应使用夹板、绷带、三角巾、棉垫等物品。

2）骨折固定应包括上、下两个关节，在肩、肘、腕、股、膝、踝等关节处应垫棉花或衣物，以免压破关节处皮肤，固定应以伤肢不能活动为度，不可过松或过紧。

3）搬运伤员时要做到轻、快、稳。

6. 伤员搬运

搬运时应尽量做到不增加伤员的痛苦，避免造成新的损伤及并发症。

现场常用的搬运方法有担架搬运法、单人或双人徒手搬运法等。

（1）担架搬运法

1）担架可用特制的担架，也可用绳索、衣服、毛毯等做成简易担架。

2）由 3~4 人合成一组，小心谨慎地将伤员移上担架。

3）伤员头部在后，以便后面抬担架的人随时观察伤员的变化。

4）抬担架时应尽量做到轻、稳、快。

5）向高处抬时（如走上坡），前面的人要放低，后面的人要抬高，以保持担架水平状；走下坡时相反。

（2）单人徒手搬运法

此法适用于伤势比较轻的伤病员，采取背、抱或扶持等方法。

（3）双人徒手搬运法

一人搬托伤者双下肢，一人搬托腰部。在不影响病伤的情况下，还可用椅式、轿式和拉车式进行伤员搬运。

参考文献

[1] 国家安全生产监督管理总局宣传教育中心. 安全生产应急管理人员培训教材[M]. 北京：团结出版社，2015.

[2] 万庆文，陈桂霞，叶惠仪，等. 基层兽医从业人员的生物安全防护[J]. 畜牧兽医科技信息，2020（4）：4-6.

[3] 孙照刚，徐玉辉，李传友. 畜禽结核病及其危害[J]. 中国畜牧兽医，2009，36（7）：175-177.

[4] 徐美荣. 猪链球菌病人间传播案例分析[J]. 畜牧兽医科技信息，2021，（2）：56.

[5] 周兴藩，杨凤，郭玲，等.2014—2015年全国有限空间作业中毒与窒息事故分析及预防建议[J]. 环境与职业医学，2018（8）：735-740.

[6] 任静. 人感染布鲁氏杆菌病防治[J]. 家庭生活指南，2019（10）：8.

[7] 夏炉明，卢军，黄忠，等. 上海某奶牛养殖专业合作社结核病的暴发调查[J]. 畜牧兽医，2020，52（3）：120-123.

[8] 马利珍，王芬. 人感染布氏杆菌病的原因及预防措施[J]. 山东畜牧兽医，2016（8）：98-99.

[9] 陈溥言. 兽医传染病学[M]. 第5版. 北京：中国农业出版社，2006.